APPAREILS & PROCÉDÉS

NOUVEAUX DE

DISTILLATION

PAR

M. DÉSIRÉ SAVALLE

INGÉNIEUR-CONSTRUCTEUR

DISTILLATION DES MATIÈRES SUCRÉES
NOUVEAU PROCÉDÉ DE FERMENTATION DES MÉLASSES
PRÉPARATION A LA DISTILLATION DES MATIÈRES CONTENANT DE LA FÉCULE
NOUVEAU PROCÉDÉ DE SACCHARIFICATION DE CES MATIÈRES
COLONNE RECTANGULAIRE POUR LA DISTILLATION DES JUS FERMENTÉS
APPAREIL PERFECTIONNÉ POUR RAFFINER LES ALCOOLS
ETC., ETC.

AVEC 48 FIGURES

PRIX : **15** FRANCS

PARIS

G. MASSON, ÉDITEUR

LIBRAIRIE DE L'ACADÉMIE DE MÉDECINE

17, PLACE DE L'ÉCOLE-DE-MÉDECINE, 17

1876

APPAREILS & PROCÉDÉS

NOUVEAUX DE

DISTILLATION

17340

APPAREILS & PROCÉDÉS

NOUVEAUX DE

DISTILLATION

PAR

M. DÉSIRÉ SAVALLE

INGÉNIEUR-CONSTRUCTEUR

DISTILLATION DES MATIÈRES SUCRÉES
NOUVEAU PROCÉDÉ DE FERMENTATION DES MÉLASSES
PRÉPARATION A LA DISTILLATION DES MATIÈRES CONTENANT DE LA FÉCULE
NOUVEAU PROCÉDÉ DE SACCHARIFICATION DE CES MATIÈRES
COLONNE RECTANGULAIRE POUR LA DISTILLATION DES JUS FERMENTÉS
APPAREIL PERFECTIONNÉ POUR RAFFINER LES ALCOOLS
ETC., ETC.

AVEC 48 FIGURES

PRIX : **15** FRANCS

PARIS

G. MASSON, ÉDITEUR

LIBRAIRIE DE L'ACADÉMIE DE MÉDECINE

17, PLACE DE L'ÉCOLE-DE-MÉDECINE, 17

1876

MM. D. SAVALLE FILS ET CIE

Ont obtenu les récompenses suivantes :

1867. — EXPOSITION UNIVERSELLE DE PARIS

LA SEULE MÉDAILLE D'OR ACCORDÉE

AU MATÉRIEL DE DISTILLERIES DANS LA CLASSE 50, COMPOSÉE DE PLUS
DE 600 EXPOSANTS

1868. — EXPOSITION INTERNATIONALE DU HAVRE

DIPLOME D'HONNEUR

1869. — CONCOURS RÉGIONAL AGRICOLE DE NANCY

MÉDAILLE D'OR

1872. — EXPOSITION D'ÉCONOMIE DOMESTIQUE A PARIS

HORS CONCOURS

M. D. SAVALLE a été nommé Membre du Jury des récompenses
du groupe V.

1872. — EXPOSITION UNIVERSELLE DE LYON

HORS CONCOURS

M. D. SAVALLE a été élu, par les exposants, *Président* du Jury
des récompenses de la classe 42.

1873. — EXPOSITION UNIVERSELLE DE VIENNE

MÉDAILLE DE PROGRÈS

1875. — EXPOSITION MARITIME ET FLUVIALE ET DES
PRODUITS D'EXPORTATION A PARIS

HORS CONCOURS

M. D. SAVALLE a fait partie du Comité d'organisation et du Jury des récompenses.

INTRODUCTION

Le succès obtenu par notre livre *Progrès récents de la Distillation*, publié en 1873, nous porte à écrire celui-ci, qui est la continuation du premier, et qui a pour but de tenir nos lecteurs au courant des appareils et des procédés nouveaux qui se sont réalisés depuis lors dans l'art de la distillation.

On travaille beaucoup à notre époque. Les distilleries en France et ailleurs, grâce aux appareils Savalle, se sont établies sur une grande échelle, et des efforts se font de toute part pour arriver à de meilleures méthodes.

Tandis que notre maison perfectionne ses appareils et les installe dans toutes les contrées du globe, certains industriels de nos clients modifient les méthodes de préparation de la matière première à la fermentation; — la saccharification des grains a fait un grand pas, par le nouveau procédé de MM. Colani et Kruger. — La fermentation des mélasses s'opère sur de nouvelles données de MM. Camichel et Henriot. — Le four à potasse de M. Eugène Porion s'est encore perfectionné. Tout le monde industriel se remue, expérimente, cherche et finit par trouver des améliorations qui sont autant de matériaux nouveaux apportés à l'édifice de la science, que nous lèguerons à nos enfants. Ce siècle est admirable en cela, car cette activité de travail et de recherches se constate dans toutes les branches de la production.

Mais, de toutes ces branches de l'industrie nationale qui attirent notre attention, ce sont celles qui se rattachent directement à l'alimentation qui doivent le plus nous intéresser ; la distillation est la plus féconde en résultats, quand on considère que *chaque litre d'alcool fabriqué correspond directement à une production donnée de viande et d'engrais pour le sol*. En effet, soit que la distillation se pratique dans la ferme ou qu'elle s'installe au dehors, elle fournit toujours à l'agriculture la nourriture la plus économique et la plus apte à l'engraissement du bétail. Elle fait de la viande à bon marché, elle procure en outre à un prix peu élevé, et sur une grande échelle, le fumier indispensable à une culture bien entendue, et elle restitue à la terre tous les éléments nécessaires à la conservation de sa fertilité. La distillerie est donc l'auxiliaire le plus puissant de l'agriculture ; des contrées arides ont été par elle rendues fécondes et florissantes. Les terres donnent, avec son aide, le maximum de récoltes et de revenu.

Quand la mauvaise saison arrive et que les travaux des champs cessent, la distillerie est là qui fournit du travail aux ouvriers des campagnes. Les hivers sont dans certaines contrées durs et pénibles à traverser pour les pauvres gens sans occupation ; dans les pays où la distillerie existe, l'ouvrier n'a pas à mendier son pain, il peut gagner honorablement sa vie, car il a du travail comme en été. Nos voisins d'outre-Rhin ont mieux compris que nous l'importance des distilleries : ils en possèdent aujourd'hui à peu près 14,000, tandis que la France en compte à peine 700. Il nous reste donc beaucoup à accomplir dans cette voie.

Dans l'industrie, dans la science, dans la matière médicale, dans le commerce, les alcools tiennent une place importante. L'abus même qu'on en peut faire dans la consommation, — abus déplorable, — prouve l'impérieuse nécessité de maintenir notre fabrication à la hauteur de celle des trois-six étrangers. Aliment respiratoire par excellence, indispensable à l'entretien de la vie animale, à la conservation de la santé, l'alcool est un produit qu'il faut sans cesse améliorer.

C'est dans ce but que nous avons toujours travaillé, et qu'héritier d'un homme qui a consacré sa vie et ses labeurs aux progrès de l'industrie des alcools, tous nos efforts tendent non-seulement à garder intacte la réputation acquise aux découvertes d'Amand Savalle, mais encore à contribuer par nos recherches personnelles aux progrès nouveaux accomplis par l'art de la distillation.

Nous voulons montrer aux fabricants, dont les appareils laissent aujourd'hui à désirer, tous les perfectionnements créés dans ces derniers temps, et nous voulons leur indiquer les bénéfices qu'ils réaliseront en modifiant leur ancien matériel. En agriculture comme en industrie, il est prouvé désormais que l'argent, intelligemment appliqué, profite largement à celui qui a eu confiance et qui ne s'est pas laissé arrêter par un sentiment de mesquine économie. Le progrès nous entraîne aujourd'hui; il faut marcher avec lui, imiter l'exemple du voisin, qui transforme son outillage pour obtenir une production supérieure en qualité et en quantité, ou bien il faut se résigner au triste spectacle de voir les autres s'enrichir, tandis que soi-même on va à la ruine.

Les industries annexées aux fermes mènent à l'abondance et à la fortune; elles élèvent la production de la viande, dont la consommation devient universelle; elles répandent autour d'elles le bien-être et la prospérité, et retiennent aux champs les bras dont l'agriculture ne peut se passer, malgré les admirables machines qui sont à sa disposition. L'avenir des distilleries rurales est donc immense. En Allemagne et en Angleterre, les grands propriétaires ont déjà prévu les résultats si féconds qu'elles doivent donner ; ils montent aujourd'hui des établissements dont les appareils sont empruntés à notre système français. Que nos agriculteurs ne se laissent pas devancer par la concurrence étrangère, et qu'ils se souviennent que la distillation est une industrie éminemment nationale, et qu'elle peut contribuer à arrêter l'immigration si désastreuse des ouvriers des campagnes dans les villes.

Les nombreuses demandes de renseignements qui nous sont journellement adressées, relativement à la création et au fonctionnement des distilleries de différentes espèces, nous ont conduit à réunir dans ce volume les renseignements les plus essentiels pour bien établir et bien mener une usine. Le lecteur trouvera dans notre travail des notions pratiques que, nous nous sommes appliqué à exprimer clairement, sur les sujets suivants :

1°. — **La distillation des mélasses indigènes et exotiques ;**

2°. — **La distillation de la betterave ;**

3°. — **La distillation des grains, des pommes de terre, par le malt ou par les acides ;**

4°. — **La distillation des vins ;**

5°. — **La distillation directe de la canne à sucre ;**

6°. — **Les appareils pour la distillation des jus fermentés ;**

7°. — **Les appareils pour la rectification des alcools ;**

8°. — **La nouvelle fabrication du mithylène anhydre et sans odeur ;**

9°. — **Le fractionnement des benzols pour la fabrication des couleurs d'aniline.**

Nous y avons relaté non-seulement les perfectionnements successifs réalisés dans la construction de nos appareils, mais encore nous avons exposé les progrès les plus marquants accomplis, durant ces dernières années, dans le travail général des distilleries.

Nous espérons que ces pages seront parcourues avec intérêt par les distillateurs, ainsi que par les personnes qui se proposent d'établir des usines dans un temps plus ou moins rapproché. Les distillateurs de tous les pays y trouveront un chapitre spécial traitant du genre de distillation pratiqué le plus avantageusement chez eux, par suite de la matière première produite dans leur contrée et se rattachant à la culture de leur sol. Ils y verront aussi les importations qu'ils pourront adopter avec fruit.

Les climats tempérés, où l'eau ne manque pas, trouveront toujours un bénéfice immense dans l'introduction de la culture et de la distillation de la betterave. Notre maison a installé les premières usines de ce genre en Autriche, en Angleterre, en Hollande et en Italie. Les contrées sablonneuses feront bien de s'adonner de préférence à la distillation des pommes de terre. Les pays où la température est plus élevée et régulière devront se consacrer à la culture et à la distillation de la canne à sucre, de la figue et des mélasses provenant des fabriques de sucre de canne.

Nous donnons dans cet ouvrage, pour chaque distillation distincte, des ensembles et des devis d'usines spéciales avec le détail général du fonctionnement. Ces renseignements suffiront pour étudier une installation. Quand il faut arriver à l'exécution, nous procurons des plans complets et nous envoyons sur place des hommes parfaitement au courant, qui sont chargés de surveiller le montage des appareils et de conduire leur mise en train. Ces hommes restent sur les lieux tout le temps nécessaire pour mettre le personnel local au courant du travail. Les nombreuses distilleries que nous avons établies à l'étranger témoignent de la sûreté de notre mode d'opération. En France, les usines les plus importantes et qui donnent les meilleurs résultats, sont montées par notre maison. Ces faits parlent assez haut en faveur de nos appareils pour que nous n'ayons pas besoin de les commenter.

AMAND SAVALLE, FONDATEUR DE LA MAISON SAVALLE

AMAND SAVALLE

FONDATEUR DE LA MAISON SAVALLE

Garder le souvenir des hommes qui se sont distingués par leurs travaux soit scientifiques, soit industriels, est un devoir, car les progrès qu'ils ont accomplis ou provoqués est un héritage précieux qu'on doit savoir honorer. Parmi les industries qui ont été développées d'une manière presque inespérée depuis le commencement du siècle, se trouve au premier rang celle de la distillation ; ses progrès ont été dus aux travaux de quelques hommes qui ont complétement transformé les appareils autrefois en usage. M. Amand Savalle compte parmi les plus distingués de ces habiles et persévérants travailleurs.

Pierre-Désiré-Amand Savalle naquit à Canville (Seine-Inférieure), le 3 mars 1791. De bonne heure il fut un physicien distingué, et il s'occupa de la question de la distillation. M. Cellier-Blumenthal, qui a créé, dans les premières années de ce siècle, le premier appareil de distillation continue, fut mis en relation avec lui ; M. Savalle lui acheta une de ses colonnes. Malgré la non-réussite de cet appareil, il ne fut pas découragé ; il entreprit, au contraire, de concert avec l'inventeur, de le perfectionner. Dans les essais nombreux qu'ils poursuivirent ensemble à ce sujet, une explosion faillit les faire périr tous les deux.

A la suite de ces accidents, M. Savalle se chargea seul, du consentement de Cellier-Blumenthal, de faire construire les appareils de distillation continue destinés à son usine, à la condition de ne pas avoir à payer de prime de brevet, dans le cas où ses modifications amèneraient les résultats désirés. Après des études actives, il parvint à faire fonctionner régulièrement l'appareil établi d'après les principes de Cellier, mais modifié d'après ses propres idées. Ce premier succès obtenu en Hollande, avec le concours d'Amand Savalle, évita à Cellier les ennuis nombreux qui seraient provenus des inconvénients des appareils défectueux qu'il avait vendus à plusieurs maisons. Il céda le brevet, pour la France, à Charles Derosne, pharmacien dans la rue Saint-Honoré, pour la modique somme de 1,200 francs par an. Là s'arrêtèrent les rapports de A. Savalle avec Cellier-Blumenthal.

Distillateur à la Haye, M. Savalle y possédait plusieurs grandes usines; il continua à perfectionner ses appareils, et ces transformations successives rendirent célèbres ces *distilleries, qui, seules, pendant de longues années, en Hollande, raffinaient l'alcool* et fournissaient un produit très-recherché de la consommation.

Quelque honoré que l'on soit à l'étranger, quelque belle position qu'on y occupe, on aspire toujours à la mère patrie, et surtout quand cette mère patrie est notre belle France. M. Amand Savalle venait tous les ans, avec sa famille, passer quelques semaines à Paris, et se promettait de venir s'y fixer, mais ce n'était pas pour lui chose facile, ayant ses usines en Hollande.

Les cours élevés que les alcools atteignirent en 1855 furent l'occasion favorable qui le décida à établir une distillerie à Saint-Denis. Il associa dès lors son fils Désiré Savalle, à ses travaux. A cette date correspondent les perfectionnements apportés à son système, qui a si puissamment contribué, comme on sait, à développer l'industrie de la distillation agricole de la betterave en France.

Les chiffres suivants permettent de se rendre compte facilement du progrès accompli par l'introduction des appareils Savalle, dans l'industrie de la distillation. Jusqu'en 1857, les appareils de rectification des alcools les plus parfaits ne fournissaient que deux pipes d'alcool par jour (soit environ 1,200 litres), d'un alcool chargé d'éthers et d'huiles qui le rendaient infect et impropre à la consommation; les appareils Savalle ont permis de produire un alcool de qualité supérieure, comparable au trois-six de vin, et un seul appareil Savalle pouvait fournir déjà, à cette époque, dix pipes, soit 6,500 litres d'alcool fin. Aujourd'hui, cette puissance est encore augmentée; puisque le rectificateur Savalle nº 12, installé dans plusieurs usines, fournit par jour vingt mille (20,000) litres d'alcool raffiné.

M. Amand Savalle était un chercheur infatigable, patient, laborieux et persévérant; il se distinguait par la fermeté jointe à une grande douceur de caractère; aussi était-il aimé de tous. Il est mort à Lille, le 17 avril 1864, à la suite d'une courte maladie, laissant l'exemple d'une carrière laborieuse bien remplie, et un nom que l'industrie de la distillation conservera et honorera toujours.

CHAPITRE PREMIER

DISTILLATION DES MÉLASSES

INDIGÈNES ET EXOTIQUES

I

DISTILLATION DES MÉLASSES INDIGÈNES

I. — Distillation des mélasses provenant des sucreries de betteraves.

La distillation des mélasses a produit cette année, en France, environ 600,000 hectolitres d'alcool. C'est une belle et grande industrie agricole, qui se rattache intimement à celle de la fabrication du sucre ; elle mérite une étude spéciale et détaillée de notre part.

La première condition de réussite des distilleries est certainement d'être bien montées et d'avoir de bons appareils ; — il faut que la colonne distillatoire soit d'un système parfait, pour permettre l'épuisement régulier et économique de l'alcool obtenu par une bonne fermentation ; on perd, dans les anciennes distilleries beaucoup d'alcool par les colonnes qui fonctionnent irrégulièrement. Il faut un bon appareil de rectification des alcools qui fournisse des produits excellents. Mais il faut aussi porter tous

2

ses soins et appliquer son intelligence aux opérations qui précèdent la distillation et à celles ayant trait à la fabrication de la
potasse. Nous rendrons service aux distillateurs en leur détaillant
les progrès réalisés récemment dans cette voie.

§ II. — Fermentation des mélasses.

Nous mentionnerons, d'abord, le procédé indiqué et mis en
pratique par M. Corenwinder, un de nos meilleurs chimistes du
Nord. — Ce procédé consiste en un dosage spécial de l'acide
sulfurique dans les mélasses préparées à la fermentation, dosage
par lequel il est arrivé à augmenter de *deux à trois pour cent* le
rendement alcoolique des mélasses. Afin de bien donner sa méthode, nous l'empruntons textuellement, telle qu'il l'a décrite en
1867, lors de l'Exposition universelle, dans son Rapport sur l'industrie du Nord :

» La fermentation des mélasses a précédé celle des betteraves.
Dans l'origine de la création de l'industrie sucrière, ce résidu
était sans emploi.

» Un éminent chimiste « M. Dubrunfaut » a, le premier, tiré
parti des mélasses, en les soumettant à la fermentation. Non-
seulement il nous a appris comment on en fait de l'alcool, mais
en évaporant le résidu de la distillation, en le calcinant, il a vu
qu'on pouvait en extraire des sels de potasse et de soude, et il
a indiqué les procédés à suivre pour faire la séparation de ces
sels avec avantage.

» La fermentation des mélasses s'opère généralement de la manière suivante :

» On commence par étendre la mélasse avec de l'eau, jusqu'à
ce que le mélange ait une densité de 105,5 à 106 et une température de 22° centigrades en été, 24° en hiver. On y ajoute ensuite de l'acide sulfurique, puis de la levûre de bière, délayée au
préalable dans de la dissolution de mélasse déjà étendue.

» La quantité d'acide sulfurique que l'on emploie dans cette opération varie suivant les vues de l'industriel. Par suite d'une longue pratique de cette industrie et d'expériences chimiques multipliées, nous avons adopté pour provoquer la fermentation des mélasses de betteraves, par 100 kilos de mélasse à 40 degrés B. :

1 kilog. 500 de levûre pressée (1).

1 kilog. 500 d'acide sulfurique à 66°.

» Avec ces proportions, que nous avons dû rarement modifier, l'on obtient une fermentation régulière et un rendement maximum d'alcool bon goût.

» L'acide que l'on emploie dans cette opération a non-seulement pour but de saturer les bases, mais il faut encore qu'il y en ait un léger excès dans le moût pour opérer la transformation du sucre cristallisable en sucre déviant à gauche la lumière polarisée, état sous lequel le premier doit passer avant de se transformer en alcool (2).

» D'après nos recherches, on peut apprécier expérimentalement la quantité d'acide nécessaire pour opérer convenablement la transformation du sucre en alcool : il suffit de déterminer, à l'aide d'une liqueur alcaline titrée, l'acidité, avant la fermentation, du moût préparé, et celle du même moût lorsque la fermentation est terminée. Il importe nécessairement que cette modification ait suivi son cours d'une manière régulière, car si le vin était devenu fortement acide, il y aurait alors dans les manipulations un vice

---

(1) D'après nos analyses, une bonne levûre de bière desséchée au préalable à 11° contient :

Azote. . . . . 8,864 0/0.
Acide phosphorique . . . . 0,987 »

Les cendres ne renferment qu'une très-faible proportion de chaux. Ce caractère, ainsi que nous l'avons fait observer il y a longtemps, est particulier encore au pollen des fleurs, à la liqueur séminale et à la laitance des poissons.

(2) Cette transformation préalable ne s'effectue pas *tout d'une pièce* au commencement de la fermentation, comme on pourrait le supposer ; elle a lieu successivement et suit une progression dont les termes nous paraissent variables.

En examinant de deux heures en deux heures, à l'aide du saccharimètre, du jus de betteraves en fermentation, nous y avons trouvé, à chaque observation, du sucre susceptible d'être interverti par les acides, c'est-à-dire du sucre de betteraves non encore modifié. Deux heures avant la fin de la fermentation, la quantité de sucre *intervertissable* était encore fort sensible. Nous entrerons ailleurs dans plus de détail sur ce sujet.

qu'il faudrait rechercher. La différence entre la seconde détermination et la première, si elle est sensible, fait connaître la quantité d'acide sulfurique qui équivaut à la proportion d'acides organiques formée. Il suffit, dès lors, pour empêcher complétement
ou à peu près cette formation d'acides organiques, d'augmenter
de cette différence la dose primitive d'acide sulfurique destinée
à favoriser la fermentation.

» Empêcher la production des acides organiques pendant la
fermentation est une chose très-essentielle, car non-seulement ils
se forment aux dépens de l'alcool et diminuent d'autant le rendement, mais encore lorsque le vin est soumis à la distillation,
ces acides agissent sur l'alcool, produisent des éthers très-volatils,
qui augmentent considérablement la quantité d'esprit mauvais
goût qui coule au commencement de la rectification. L'alcool bon
goût lui-même n'est pas parfait; il conserve une odeur piquante
qui le fait rejeter par les consommateurs.

» On peut objecter évidemment que l'addition d'une quantité
un peu forte d'acide minéral dans le moût de mélasse tend à produire plus de sulfates et à diminuer d'autant la quantité d'alcalis
carbonatés dans les salins que l'on fabrique ultérieurement avec
les vinasses résidus de la distillation. Cet inconvénient est réel,
mais il a peu d'importance du moment qu'en prévenant la formation des acides organiques, on obtient un rendement plus élevé
en alcool et des produits d'un goût plus recherché.

» Aujourd'hui, beaucoup de distillateurs de mélasse ont adopté
la méthode de fermentation continue, c'est-à-dire qu'ils versent
graduellement le moût additionné d'acide et de levûre dans la
cuve, après avoir mis dans celle-ci une certaine quantité de vin
prélevée dans une autre cuve en pleine fermentation.

» La fermentation de la mélasse étant terminée, on procède à
la distillation de l'alcool, puis à la rectification.

» Les résidus de la distillation sont évaporés ensuite et inciné-
rés dans des fours ; on obtient ainsi un salin qui est gris, léger,
poreux, lorsqu'il est bien préparé.

» On peut évaluer approximativement que 1000 grammes de
vinasses sortant de l'appareil à distiller peuvent produire 27 à 28

grammes de salin brut, dont la composition varie suivant l'ori-
gîne des mélasses.

» Dans le tableau suivant, nous avons représenté des analyses
de salin brut de mélasses, faites par différents chimistes ou par
nous-même.

COMPOSITION COMPARATIVE
DES SALINS BRUTS EXTRAITS DES MÉLASSES DE BETTERAVES.

ÉLÉMENTS	ALLE AGNE	DÉPARTEMENT DU PUY-DE-DOME	DÉPARTEMENT DE L'AISNE	DÉPARTEMENT DU NORD
Carbonate de potasse.	43.71	55.82	45.30	30.37
Carbonate de soude..	14.20	5.54	13.86	21.49
Chlorure de potassium	15.52	8.85	17.02	19.31
Sulfate de potasse...	8.05	17.59 (1)	8.00	10.91
Eau, charbon, matière insoluble.........	18.52 (2)	15.28	15.28	17.92
	100.00	100.00	100.00	100.00 (3)

§ III. — Augmentation du rendement en carbonate de potasse par le procédé de MM. Camichel et Henriot.

Voici ce procédé décrit par ces messieurs : il est appliqué en
grand dans leur usine de Saint-Clair-de-la-Tour-du-Pin, de
MM. Louis Porion et Cie, à Saint-André-lez-Lille, de M. A. Kolb-
Bernard, à Plagny, près Nevers, et dans la Distillerie et Potasserie
d'Aubervilliers (Seine).

La présence de l'acide sulfurique dans la fermentation des jus
ou des mélasses donne naissance à du sulfate de potasse qui se
substitue à une quantité équivalente de carbonate de potasse, et

(1) La proportion de sulfate de potasse ne dépend pas seulement de la betterave;
elle varie, dans les salins, suivant la quantité d'acide sulfurique employée pour mettre
les mélasses en fermentation.

(2) Cette potasse brute était mal cuite ; elle contenait 12 0/0 de charbon. Elle eût
été nécessairement plus riche si elle avait été mieux incinérée.

(3) Les chiffres relatifs aux départements de l'Aisne et du Nord représentent les
moyennes de plusieurs analyses.

abaisse ainsi le titre des salins. L'acide sulfurique, en effet, introduit dans les moûts, a deux emplois : l'un, par lequel l'alcalinité des mélasses est neutralisée, n'exige qu'une dose minime.
— Nous considérons comme des exceptions les mélasses neutres
ou acides. — L'autre demande une proportion d'acide plus
considérable et procure l'acidité destinée à protéger la fermentation. C'est pour ce rôle important que nous lui substituons l'extrait de châtaignier.

Nous employons donc simplement l'extrait de châtaignier, en
remplacement de la quantité d'acide sulfurique reconnue surabondante à la neutralisation de l'alcalinité des mélasses. Supposons, par exemple, que l'on emploie 1 1/2 d'acide sulfurique pour
100 kilogrammes de mélasse, et que cette mélasse exige seulement
pour la neutraliser 1/4 pour 100. Nous limitons alors l'emploi de
l'acide sulfurique à ce dernier dosage, et remplaçons par l'extrait
de châtaignier le 1 1/4 pour 100 nécessaire à assurer la marche
normale de la fermentation.

Les principes actifs de l'extrait de châtaignier sont les acides
tannique et gallique qui possèdent des propriétés éminemment
favorables à la fermentation alcoolique. Leur nature organique
seconde le développement de la levure, ainsi qu'elle augmente la
puissance de son action sur les matières sucrées. Ces acides végétaux, disparaissant à la calcination, ne restent pas unis à la
potasse, ainsi qu'il arrive avec l'acide sulfurique et, de plus, ne
tendent pas, comme ce dernier, à augmenter la proportion d'insolubles.

L'on sait, d'ailleurs que l'emploi de 100 kilogrammes d'acide
sulfurique à 66° Baumé, en se combinant à la potasse, produit
178 kilogrammes de sulfate de potasse, et que de ce fait résulte
une réduction correspondante de 141 kilogrammes de carbonate
de potasse.

Par quelques chiffres, pris comme exemple, établissons un décompte sur l'application de notre procédé.

Dans un travail quotidien de 20,000 kilogrammes de mélasse, si
l'on retranche 1 kilogramme d'acide sulfurique pour 100 kilogrammes de mélasse, soit en totalité 200 kilogrammes par 24

heures, l'augmentation en carbonate de potasse, correspondant à cette suppression, sera de 282 kilogrammes qui, au prix moyen de 70 francs les 100 kilogrammes, donnent. . . . . . Fr.   197
somme dont il faut déduire les frais, qui sont :

1° 200 kilogrammes extrait de châtaignier à
30 francs les 100 kilogrammes, rendus . . Fr.   60
moins la valeur de l'acide sulfurique, soit 200
kilogrammes à 11 francs les 100 kilogrammes.   22
                                              ———
                                              38   38

2° Droit de brevet sur 50 hectolitres d'alcool, à
30 centimes l'hectolitre. . . . . Fr.   15
                                              ———
                                              53   53

Bénéfice net par 24 heures. . . . Fr.   144

Si l'on répartit ce bénéfice sur la production en alcool, l'on trouve que le prix de revient est diminué de 3 francs environ par hectolitre, *et l'amélioration réalisée sur la qualité ajoute, d'autre part, un titre à la valeur vénale du produit.*

Dans la généralité des cas, la suppression de 1 kilogramme d'acide sulfurique par 100 kilogrammes de mélasse sera représentée par 10 à 12 pour 100, acquis en plus au carbonate de potasse des salins.

A point de vue général du travail, l'emploi de l'extrait de châtaignier n'offre que des conditions favorables à la distillation. Il se plie à tous les modes de conduite des cuves ; il permet d'opérer à température plus basse, même avec des liquides sucrés de haute densité. Les vins sont limpides et à l'abri des dégénérescences lactiques ou visqueuses. Ils résistent pendant plusieurs jours aux influences atmosphériques de l'été. Les ferments de mauvaise nature, apportés accidentellement par des levûres de qualité douteuse, sont précipités par l'extrait qui en arrête les effets pernicieux. Du reste, l'extrait précipite toutes les substances altérées de nature albumineuse, les éléments pectiques, lactiques, la chaux, etc., de sorte que les liquides sucrés si complexes des mélasses se trouvent pour ainsi dire délivrés des matières qui portent en elles des éléments de trouble toujours prêts à réagir aux dépens du rendement et de la qualité de l'alcool. La levûre trouve donc dans l'extrait un agent protecteur et comme un aliment qui en développe la vitalité.

L'influence de l'extrait de châtaignier dans l'acte de la fermentation est si marquée, qu'elle surmonte toutes les résistances que font naître les eaux d'exosmose mêlées aux détrempes de mélasses normales.

Voici, du reste, un tableau d'analyses comparées entre les salins à l'acide sulfuriqne et ceux à l'extrait et provenant d'une même mélasse.

TABLEAU D'ANALYSES COMPARATIVES.

ÉLÉMENTS	SALINS DE MÉLASSES DU MIDI obtenus dans notre usine de Saint-Clair MOYENNES GÉNÉRALES (1)		SALINS DE MÉLASSES DU NORD obtenus chez MM. L. Porion et Cie. (Saint-André-lez-Lille) MÊMES MÉLASSES	
	ACIDE SULFURIQUE (campagne 1873)	EXTRAIT DE CHATAIGNIER (campagne 1874)	ACIDE SULFURIQUE	EXTRAIT DE CHATAIGNIER
Carbonate de potasse.	19.55	33.30	36.93	47.03
Sulfate de potasse ...	19.95	15.30	16.02	6.37
Carbonate de soude ..	12.43	12.30	11.63	12.07
Chlorure de potassium	16.70	17.70	13.64	16.29
Résidus	23.62	18.90	16.93	14.63
Eau et pertes.......	7.75	2.60	4.86	3 61
	100.00	100.00	100.00	100.00

Comme conséquence de l'absence de l'acide sulfurique libre, les produits de la distillation sont moins éthérés. Les éthers, dont le poids spécifique est plus léger que celui de l'alcool, accusent dans les flegmes une richesse alcoolique d'autant supérieure et erronée , qu'ils y dominent aux dépens de l'alcool même dont ils sont dérivés. L'extrait, par son innocuité, tend à corriger cette cause de mécompte. Enfin, très-légèrement acides, les vins n'altèrent plus sensiblement les parties du matériel où ils circulent.

---

(1) Les mélasses des deux campagnes sont de même provenance.

On le voit donc, l'usage de l'extrait, par sa simplicité, prend place dans le régime existant et propre à l'usine, sans modifications dans son matériel, comme sans interruption ni trouble dans son travail. Il se prête aussi à une vérification prompte de la valeur de ses produits.

Depuis janvier dernier, notre procédé, adopté par MM. L. Porion et Cie, fonctionne dans leur usine de Saint-André-lez-Lille. Nous donnons ci-contre les résultats moyens obtenus du travail à l'extrait de 300,000 kilogrammes de mélasse. La différence de richesse des salins a été constatée par des analyses dues à quatre des principaux chimistes du Nord.

MM. Camichel et Henriot expédieront, sur leur demande, à Messieurs les distillateurs désireux de se rendre compte préalablement, la quantité d'extrait qu'ils jugeront utile pour faire un essai, en les priant de leur en faire connaître les résultats.

―――――――――――

Il nous reste à signaler, dans la distillation des mélasses, un système qui a supprimé en grande partie cette énorme dépense nécessitée par l'emploi exclusif de la levûre de bière pour la mise en fermentation. — Toutes les distilleries de mélasse bien montées ont aujourd'hui deux ou un plus grand nombre de cuves à saccharifier, dans lesquelles elles réduisent à l'état de sirop par la cuisson prolongée, en présence d'eau et d'acide sulfurique, soit des grains ou même des résidus de féculerie de pommes de terre.

Les sirops ainsi obtenus sont mélangés aux fermentations de mélasse, *et fournissent à celle-ci la majeure partie de la levûre et l'acide sulfurique nécessaires à un bon travail.* La quantité de maïs, de riz, de seigle ou d'autres grains ainsi employés est d'environ dix pour cent du poids de la mélasse ; certaines fabriques mettent même une proportion plus grande ; il n'y a pas d'inconvénients à l'augmenter, si les grains employés sont à un prix qui permette de les distiller. — Mais quand la quantité de maïs mise en travail devient importante, nous engageons beaucoup nos clients à employer le procédé breveté de M. Tilloy-Delaume de Courrières, procédé par lequel on tire des grains distillés, par la saccharification à l'acide, un engrais excellent pour le sol. La distillerie de Courrières, qui est la plus grande du continent pour la distillation des mélasses, a vendu l'an dernier pour plus de 200,000 fr. de cet engrais, séché à l'état de guano, sous la dénomination de guano Artésien.

§ IV. — Engrais extraits des résidus de distillerie.

Le procédé de M. Tilloy-Delaume consiste à recueillir les matières azotées que renferment les vinasses de distillation de grains, par l'acide, en faisant couler ces vinasses dans des citernes et en les y laissant au repos pendant plusieurs jours. La majeure partie des substances azotées se précipite, et, quand le liquide supérieur s'est éclairci, on le fait décanter. Le dépôt égoutté à l'air d'abord est desséché ensuite à l'aide de la chaleur. Il se présente sous forme d'une matière pulvérulente de couleur gris noirâtre, presque sèche et dont le transport est conséquemment très-facile.

Plusieurs analyses de ce produit ont été faites par de bons chimistes. — Voici celle à laquelle nous attachons le plus d'importance, parce qu'elle a été faite par un chimiste industriel du Nord très-estimé, M. B. Corenwinder, et qu'elle a été présentée par lui dans un rapport au Comice agricole de Lille.

Eau		8.55
Matières organiques	69.54	
Azote (moyenne, deux analyses)	4.26	
	73.80	73.80
Matières minérales		17.70
		100.00

Azote dans 100 parties matière sèche 4.71.

De cette analyse on peut conclure que l'engrais extrait du maïs a une valeur fertilisante qui se rapproche de celle des tourteaux de graines oléagineuses, qui contiennent souvent moins de 5 0/0 d'azote. Cet engrais de maïs renferme en outre une proportion très-notable dè phosphate et de sel de potasse, éléments qui concourent, avec les substances azotées, à la nutrition des plantes.

Tout produit nouveau doit, pour se faire connaître, se vendre à bon marché ; l'usine de Courrières a bien compris cela, en ne vendant son nouvel engrais que 15 francs les 100 kilogrammes, quand sa valeur, comparée aux autres engrais, est de 20 à 25 francs. Les frais de fabrication s'élèvent à 3 francs les 100 kilogrammes. On obtient par 100 kilogrammes de maïs de 20 à 25 kilogrammes de résidus.

M. A. Tilloy-Delaume nous a autorisés à céder, par licences, son procédé à·nos clients qui montent des distilleries de grains par l'acide, ainsi qu'aux autres usines de ce genre déjà installées. — Nous donnerons donc à cet égard tous les renseignements qu'on voudra bien nous demander.

§ V. — Lavage méthodique des résidus de pommes de terre destinés à la distillation.

Dans quelques distilleries de mélasses, et notamment chez M. Bourdon, à Remy près Compiègne, on mélange dans les fermentations de mélasses les sirops provenant de la saccharification des résidus de féculeries de pommes de terre ; ces résidus se vendent à bon compte ; on peut les travailler avec avantage.

Il y a quelques années, on avait même voulu monter des distilleries opérant spécialement la distillation de ces résidus. Elles n'ont, à cette époque, donné que des résultats négatifs, parce que ces résidus, qui sont une matière obstruante par excellence, bouchaient constamment les conduits des cuves, des pompes et des appareils. De plus, la dépense d'acide et de combustible était très-grande, les fermentations de résidus sans addition de mélasses étant trop pauvres, trop étendues d'eau.

Nous devons à un ingénieux appareil de lavage méthodique, combiné par M. Edmond Bourdon, de pouvoir enfin distiller d'une manière pratique les résidus de féculeries de pommes de terre. Cet appareil est représenté figure 2 ; il a pour résultat de séparer complétement, des résidus saccharifiés, le parenchyme de la pomme de terre.

Il se compose de trois cylindres filtrants A B C, garnis de toile métallique, montés sur un arbre de transmission, et mis en mouvement par une poulie située à l'une des extrémités. — Devant chaque cylindre est ménagée une auge, munie d'un agitateur, et, de plus, pour les deux derniers, il y a un élévateur qui alimente par le centre le cylindre filtrant.

L'appareil reçoit les sirops venant des cuves à saccharifier par le robinet n° 1 dans l'auge du premier cylindre filtrant; il y est agité par les palettes et déborde dans le cylindre de filtration A. La partie liquide du sirop traverse la paroi filtrante de ce cylindre et se rend par H à la cuve de mélange précédant celles de fermentation.

Comme il arriverait que les parois de tissu métallique du cylindre filtrant A seraient bientôt obstruées par les parenchymes qui s'y attachent, M. Bourdon a mis au-dessus de ce cylindre un tube percé de trous recevant de l'eau à une pression de plusieurs mètres par le robinet n° 2. Ces jets d'eau donnés en A extérieurement entretiennent en parfait état de propreté la toile métallique filtrante. Les parenchymes sortent du premier cylindre pour tomber dans l'auge du cylindre B; là, un agitateur C les mélange avec les eaux de lavage venant par J du troisième cylindre ; les parenchymes, lavés une seconde fois, tombent dans l'auge du cylindre C, où ils sont mélangés par les palettes G avec de l'eau pure donnée par le robinet n° 3. — Ces parenchymes, lavés trois fois et épuisés de sirop, sortent de l'appareil par M; ils sont séchés et vendus pour faire des emballages. Le liquide provenant du second lavage passe par T et est élevé par le système K, pour être ramené par une rigole L avec les sirops venant de la saccharification dans le cylindre A.

On obtient, par l'appareil de lavage de M. E. Bourdon, des sirops parfaitement propres, débarrassés de matières encombrantes et se distillant parfaitement mélangés avec les mélasses. — Ces résidus de pomme de terre contiennent beaucoup de levûre et

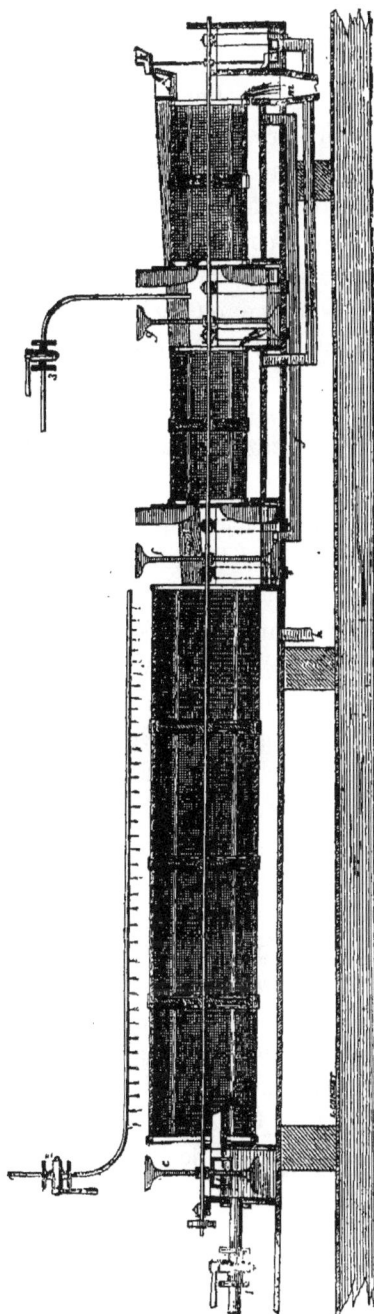

Fig. 2. — Appareil de lavage méthodique de M. Ed. Bourdon.

contribuent à obtenir la fermentation complète des mélasses. Un seul point est à observer lorsqu'on fait ce travail : c'est d'employer des résidus de pomme de terre frais, sans être altérés ; leur altération amenant des mauvais goûts dans les alcools.

Nous engageons beaucoup ceux de nos clients qui désireraient installer le travail de la saccharification des résidus de féculerie à se procurer l'appareil de lavage méthodique de M. E. Bourdon, qui seul permet ce travail dans de bonnes conditions.

§ VI. — Fabrication de la potasse.

Les distilleries de mélasses dépensaient des quantités de charbon considérables pour évaporer l'eau contenue dans les vinasses et pour les porter au degré de densité requis à leur incinération. Nous avons, il y a quelques années, exécuté un appareil d'évaporation à triple effet et sans l'aide du vide ; cet appareil procure 40 0/0 d'économie dans le combustible employé à l'évaporation. Nous avons cessé de le propager, parce que l'acide contenu dans les vinasses ronge les métaux et nécessitait trop de frais de réparations ; sans cet inconvénient, notre appareil est parfait, considéré comme évaporateur.

M. Eugène Porion, un de nos plus grands distillateurs, est venu modifier complétement le travail de la fabrication des potasses brutes, et cela par la création d'un nouveau système de four d'évaporation, *où les chaleurs perdues de l'incinération sont employées à l'évaporation des vinasses;* on s'imagine aisément l'énorme avantage qui résulte de ce nouveau système. Aussi, s'est-il rapidement propagé dans toutes les distilleries de mélasses de France, de Belgique et de Hollande.

Nous avons demandé et obtenu de M. Porion, pour notre brochure, un cliché spécial de son four à potasse, que nous reproduisons dans la figure 3.

Le système de four de M. Eugène Porion se compose de deux parties distinctes. La première, qu'il désigne *carneau d'évaporation*, et qui comprend la moitié du four située du côté de la cheminée, se compose d'une vaste chambre dont le fond est à environ 1^m,20 au-dessus du sol extérieur; cette chambre est traversée dans le sens de sa largeur par deux arbres de transmission creux et armés de palettes, qui ont pour fonction de projeter avec force et de réduire à l'état de gouttelettes une couche de vinasse d'environ vingt centimètres, alimentée dans la chambre d'évaporation.

Cette dernière se trouve ainsi remplie d'une pluie de vinasses dont l'évaporation s'opère au moyen des gaz et de la chaleur perdue, qui s'échappe des fours à incinérer. Le produit de l'évaporation est appelé au dehors par la cheminée à grande section située au bout du four.

La seconde partie du système est formée des fours à incinérer, précédés chacun d'un foyer; la vinasse concentrée dans l'évaporateur est introduite dans ces fours et s'y trouve incinérée. Dans l'un des fours représentés (fig. 3.), on voit l'ouvrier remuer la potasse pour qu'elle s'incinère bien régulièrement et pour activer l'échappement des gaz qu'elle dégage; d'un autre four, plus loin, on voit extraire la potasse; elle est ensuite portée en tas pour achever son incinération, et enfin, lorsqu'elle est refroidie, on la met en barils pour la livrer au commerce. Ces potasses brutes sont achetées au degré de carbonate par les raffineurs de potasse ou par les savonniers.

D'après des expériences sérieuses, faites par des gens désintéressés et dignes de foi, on arrive dans le four Porion à évaporer environ 13 *litres d'eau par kilogramme de houille brûlée*. Aucun système d'évaporation n'était jusqu'ici arrivé à ce résultat, puisque dans les générateurs on ne produit que de 5 à 8 kilog. d'évaporation par kilogramme de houille, et que l'on perd nécessairement en transmettant cette chaleur aux appareils d'évaporation.

Le coût d'établissement d'un de ces fours, appliqués à une usine produisant par jour 4,000 litres d'alcool, est d'environ :

1° La cheminée et la partie désignée évaporateur..........Fr. 4.600 »
2° Les fours et foyers d'incinération....................... 4.100 »

TOTAL ....Fr. 8.700 »

Pour une usine produisant 2,800 litres d'alcool, soit un travail de

10,000 kilog. de mélasse par jour, cette dépense totale n'est que de 6,000 francs environ ; le four Porion coûte peu, en raison de la grande économie de combustible qu'il produit, et se trouve bientôt payé par cette économie.

Plusieurs tentatives ont été faites dans ces derniers temps pour remplacer le four Porion, qui a ses détracteurs comme toute bonne chose ; aucun de ces essais, plus ou moins coûteux, n'a réalisé l'économie de combustible obtenue par son devancier.

§ VII. — Chauffage tubulaire appliqué à la distillation des mélasses.

Le mode le plus simple de chauffage des colonnes distillatoires est celui qui consiste à introduire directement la vapeur des générateurs dans le pied de ces colonnes.

Nous adoptons ce mode pour la distillation de tous les produits, excepté pour celle des mélasses provenant des sucreries de betteraves, où il est urgent d'éviter le mélange des vapeurs d'eau, qui viendraient étendre la masse liquide des vinasses. En effet, ces vinasses devant être concentrées, pour en extraire les sels de potasse, on doit éviter d'augmenter la proportion d'eau qu'elles contiennent.

On a pendant longtemps, et nous aussi, chauffé les colonnes distillatoires de distilleries de mélasses au moyen de serpentins plus ou moins bien faits, dans lesquels on fait passer la vapeur des générateurs. Ces serpentins avaient le défaut de se salir, et plus encore de se détériorer promptement : *ils étaient posés dans une chaudière située sous la colonne, et nécessitaient le démontage de tout l'appareil, quand il fallait les tirer de là, pour les réparer.* Enfin, il fallait établir des chaudières solides d'un grand prix, capables de supporter le poids de la colonne et du liquide qu'elle contient. Nous avons combiné une disposition qui obvie avantageusement à ces divers inconvénients. Elle est représentée par les figures 4 et 5 en élévation extérieure et coupe intérieure.

Cette disposition *est tubulaire, elle est posée à côté de la colonne*

3

et a l'avantage de pouvoir s'appliquer aux appareils que nous avions d'abord construits et livrés pour distiller les jus de betteraves : de plus, *le nettoyage et la réparation des tubes contenant les vinasses sont faciles en démontant le joint u v.* — On pourrait même, dans les grandes usines, avoir une partie tubulaire G de rechange pour les cas de réparations urgentes.

La vapeur de chauffe des générateurs arrive au régulateur de vapeur F par le conduit *i* ; elle se jette autour de la paroi extérieure des tubes de chauffage ; elle cède son calorique à la vinasse contenue dans les tubes, et sort condensée par le robinet de purge 8, pour traverser un extracteur de vapeur condensée, ou encore pour rentrer directement dans les générateurs, si la différence de son niveau est assez élevée au-dessus de ces derniers.

Les vinasses arrivent à continu de la colonne, par le tube *x*, emplissent la série tubulaire et sortent à continu par le robinet 7 ; un tube niveau d'eau 10 sert à régler la vinasse dans le système de chauffage, et les vapeurs produites se rendent à l'appareil distillatoire par le conduit recourbé *y*, qui sert en outre à abattre les mousses entraînées par l'évaporation. Un gros tube *z*, situé au milieu du faisceau tubulaire, aide la circulation de la vinasse, qui est élevée par l'ébullition à la partie supérieure des tubes, et est ramenée par l'entonnoir et le tube *z* à la partie inférieure du tubulaire.

Nous employons aussi dans certains cas : au chauffage de notre tubulaire, les vapeurs perdues d'échappements des machines.

Ce système de chauffage, dont le prix vient nécessairement s'ajouter à celui de l'appareil, est peu coûteux, en proportion de la dépense nécessitée par les chaudières en cuivre et les serpentins, qu'il remplace très-avantageusement.

Nous ne répétons pas ici la description des autres parties de la colonne distillatoire, figure 4, qui ne diffère de celle représentée figure 38, qu'en ce qu'elle est construite entièrement en cuivre. Quelques fabricants préfèrent ce métal pour distiller les vins de mélasse très-chargés d'acide. Pour notre part, nous voyons des colonnes distillatoires en fonte résister très-longtemps même pour ce genre de distillation ; mais nous laissons à nos

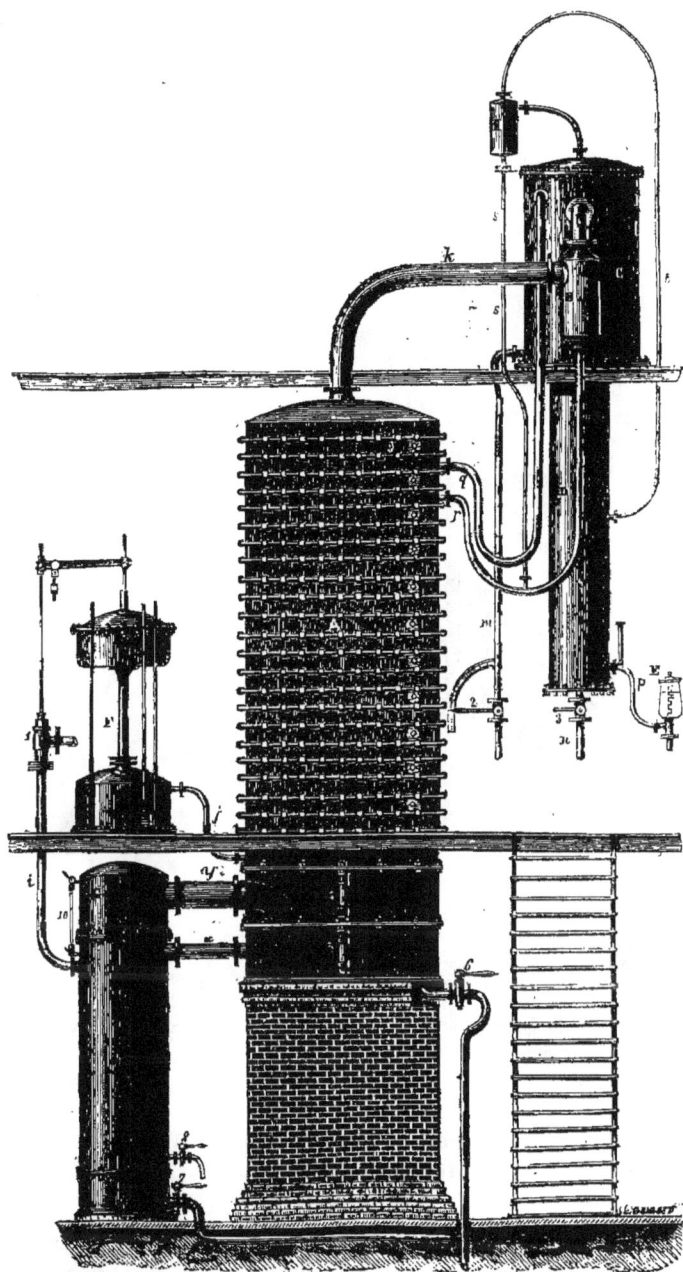

Fig. 4. — Colonne distillatoire rectangulaire en cuivre avec chauffage tubulaire
appliqué à la distillation des mélasses de betteraves.

clients le choix du métal à employer dans la construction de leurs
appareils ; et lorsqu'il s'agit de monter des usines au loin, la
question de transports, qui est importante sur la fonte de fer,
nous fera toujours donner la préférence aux appareils entièrement
en cuivre.

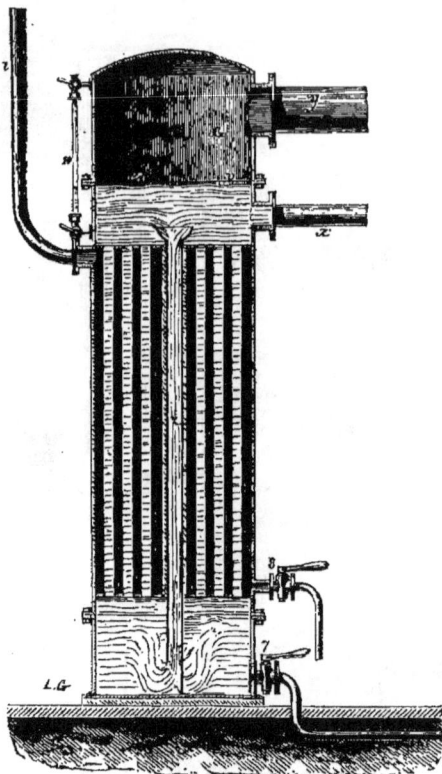

Fig. 5. — Vue intérieure du système de chauffage tubulaire pour les colonnes Savalle
appliquées à la distillation des mélasses.

§ VIII. — Contrôle des pertes d'alcool éprouvées dans les distilleries.

La distillation continue, inventée par Cellier-Blumenthal et mise
en pratique la première fois par M. Amand Savalle, réalise un

grand progrès par la rapidité du travail et l'économie de combustible. Mais, à côté de ces avantages, qui sont réels, cette opération a laissé une défectuosité qui, sans importance pour les petites
usines, en a une très-grande pour celles qui opèrent en grand, et
ce sont elles, qui aujourd'hui sont les plus nombreuses. Les anciennes colonnes ont le défaut de perdre beaucoup d'alcool dans
les vinasses.

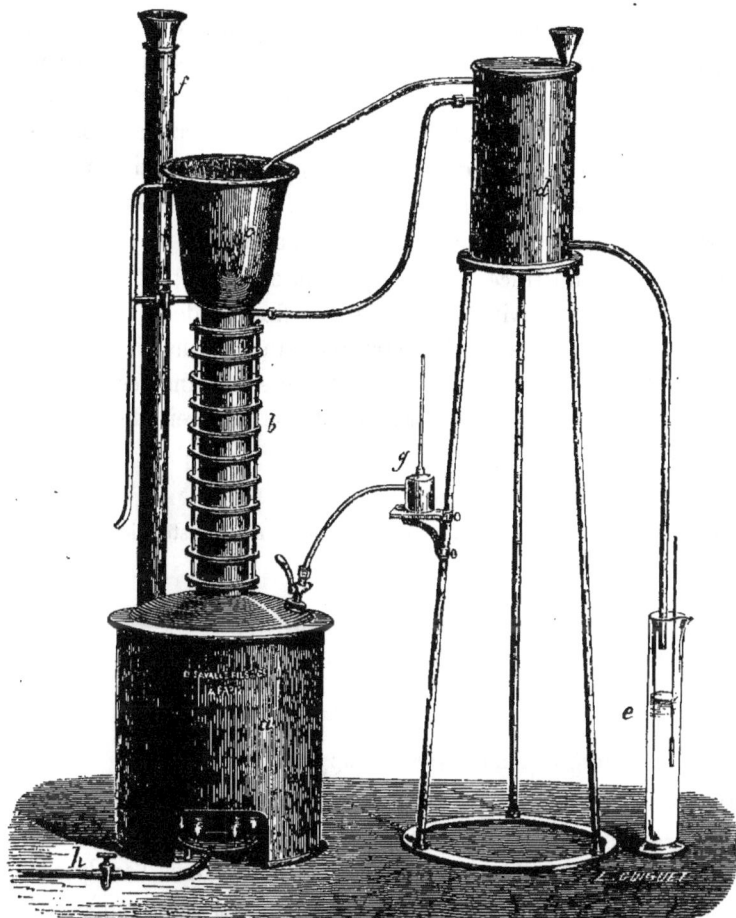

iFg. 6. — Nouvel appareil pour déterminer la teneur alcoolique des vinasses et la perte
d'alcool éprouvée par l'emploi des colonnes distillatoires anciennes.

Les distillateurs du Nord se servent généralement du rectificateur perfectionné du système Savalle; mais un certain nombre de fabricants, persuadés que les anciennes colonnes leur suffisaient, ont à tort attaché une importance secondaire au système de leurs colonnes distillatoires. Un nouvel appareil d'épreuve des vinasses, que je viens de breveter, donne aux distillateurs la preuve matérielle de la perte d'alcool qu'ils subissent par leurs colonnes défectueuses.

On se servait généralement pour éprouver les vinasses; afin de voir si elles contenaient encore de l'alcool : d'un simple serpentin d'épreuve, ou se condensaient les vapeurs sortant des vinasses; ou encore, l'on prenait une petite quantité de ces vinasses, que l'on se contentait de distiller dans un simple alambic. J'ai donné la preuve matérielle que l'une et l'autre de ces expériences sont imparfaites. En effet, par mon nouvel appareil d'essai, là où l'on ne trouvait aucune trace d'alcool, je suis arrivé à produire, dans des distilleries aux environs de Lille, des flegmes de 7 et 8 degrés centésimaux. Plusieurs distillateurs ont ainsi acquis la certitude qu'ils perdaient de 3 à 4 p. c. d'alcool dans les vinasses.

La figure 6 représente la disposition de cet appareil, destiné aux laboratoires.

a. Fourneau contenant sa chaudière.
b. Colonne pour enrichir et analyser les vapeurs de la distillation.
c. Analyseur à eau.
d. Réfrigérant.
e. Éprouvette graduée pour recevoir le produit.
f. Cheminée pour les produits de la combustion.
g. Manomètre.
h. Conduite d'arrivée du gaz destiné au chauffage.

Voici la manière d'employer cet appareil :

On introduit 10 litres de vinasse dans la chaudière a par une ouverture ménagée à cet effet sur le couvercle de la chaudière. On met de l'eau froide dans le manomètre g, dans l'analyseur c et dans le réfrigérant d. Puis on allume le gaz de chauffage. Le liquide contenu en a se met en ébullition ; les vapeurs traversent la colonne b et viennent se condenser en e, d'où elles retournent à l'état liquide charger les dix plateaux de la colonne b.

Après quelques instants de distillation intérieure, l'eau se trouve chaude en *c*, et alors les vapeurs les plus riches en alcool passent à la distillation, en se condensant dans le réfrigérant *d*, et s'écoulent dans l'éprouvette graduée *e*.

Le volume du produit obtenu dépend de la teneur alcoolique du liquide soumis à l'épreuve. Si l'on opère sur des vinasses, un produit de 100 centimètres cubes, par exemple, sera l'alcool contenu dans les 10 litres sur lesquels on opère. On peut ainsi retrouver facilement un centimètre cube d'alcool dans dix mille centimètres cubes de vinasses ; la précision de l'appareil est donc de $1/10,000^{me}$.

J'établis aussi mon appareil, *à épreuve continue*, et je l'applique alors directement à la sortie des vinasses des colonnes distillatoires. La figure 7 donne cette disposition, qui fonctionne dans le Nord, à Courrières, chez MM. Tilloy-Delaune et Cie, à Marquette, chez MM. Lesaffre et Bonduelle, et dans d'autres usines du Nord et de la Belgique.

Un jet de vapeurs sortant des vinasses alimente en ce cas l'appareil par le robinet *g* et les liquides provenant de l'entraînement des vinasses et de la condensation s'écoulent par le siphon renversé *i* ; — pour obtenir une épreuve exacte, il est essentiel de régler l'eau de condensation de manière à ne couler par heure à l'éprouvette *f* que de *un* à *deux* litres de produits.

Plusieurs distilleries ont acquis par cette expérience la preuve qu'elles perdaient beaucoup d'alcool ; aussi se sont-elles décidées à remplacer leurs appareils distillatoires anciens, dont le travail est plus ou moins défectueux, par l'appareil rectangulaire de la maison Savalle.

Le nouvel appareil d'épreuve Savalle est très-utile aussi pour se rendre compte de la richesse alcoolique des vins et des fermentations en général. On s'en sert encore pour opérer en petit sur une petite quantité de matière première, afin d'apprécier ainsi ce que celle-ci peut rendre d'alcool.

Cet appareil se distingue des autres appareils d'essai, qui ne sont pour la plupart que des alambics primitifs de petite dimension, en ce que le produit alcoolique obtenu est très-concentré, et facile à peser exactement à l'aréomètre. Ainsi, lorsqu'on opère sur un vin riche à 8 p. c. d'alcool, les premiers produits obtenus titrent 93 et 94 degrés, et la moyenne est à 75 degrés. Si l'on opère sur une matière contenant 2 p. c. d'alcool, la moyenne des produit est à 50 degrés.

Nous engageons fortement les fabricants distillateurs à se procurer cet appareil pour leur laboratoire ; ils contrôleront ainsi leur travail et s'éviteront des pertes d'argent qui peuvent être considérables.

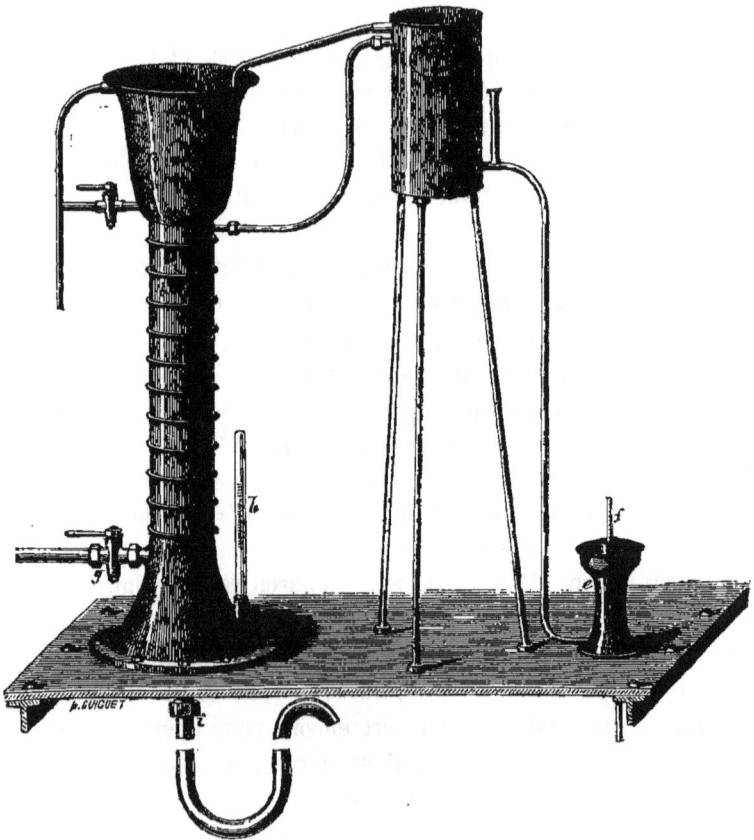

Fig. 7. — Appareil à épreuve continue.

§ IX. — Générateur semi-tubulaire de MM. Ed. Victoor et Eug. Fourcy.

L'économie de combustible obtenue par l'emploi des chaudières tubulaires, a fait que, depuis longtemps, on cherche à les appliquer dans l'industrie ; mais cette application a généralement échoué.

Les causes de cet insuccès sont multiples ; voici les principales :

1° La disposition des foyers métalliques est défectueuse, les dépôts calcaires viennent se déposer entre les parois intérieure et extérieure de la boîte à feu, et on ne peut les enlever que difficilement. Ces parois promptement recouvertes d'une couche épaisse de calcaire, ne peuvent plus être rafraîchies par l'eau et se détériorent en bien peu de temps. Les plaques à tubes surtout, exposées à l'action directe du coup de feu, ne tardent pas à se gondoler, et il s'ensuit, que les tubes n'étant plus suffisamment maintenus, il se produit sur leur pourtour des fuites qui, tout en nuisant à la marche normale du foyer, détériorent et rongent, en très-peu de temps, les plaques à tubes.

2° Les coffres d'eau et de vapeur des chaudières tubulaires ont trop peu de volume et, quand beaucoup de vapeur est nécessaire à la fois pour le service des appareils, il en résulte un brusque abaissement du niveau de l'eau dans la chaudière ; il y a alors danger de brûler les tubes du générateur, ou, si le mal ne va pas si loin, il y a, en tout cas, le grave inconvénient d'un abaissement subit de pression de vapeur, occasionné par l'alimentation abondante d'eau dans le générateur ;

3° Pour peu que les eaux d'alimentation soient calcaires, les tubes se couvrent en peu de temps d'une croûte de tartre qui empêche la transmission du calorique et il n'y a plus alors d'économie de combustible ;

4° Enfin il est difficile de donner aux grilles une surface bien en rapport avec celle des générateurs qui, dans ce cas, ne produisent pas la quantité de vapeur en rapport avec leur force nominale.

— Nous n'avons jusqu'ici obtenu de bons résultats dans nos installations, que par les générateurs semi-tubulaires de MM. Ed. Victoor et Eug. Fourcy.

Ces constructeurs, de beaucoup de mérite, ont étudié avec soin les défauts des générateurs tubulaires ordinaires, pour les éviter dans leur système.

Nous représentons ce générateur fig. 8.

C'est une combinaison parfaite des anciennes chaudières à bouilleurs et des générateurs tubulaires, d'où il résulte :

1° Suppression du foyer défectueux de l'ancien générateur tubulaire ; plus de coup de feu sur les plaques à tubes ;

2° Coffres d'eau et de vapeur assez puissants pour parer aux grands débits de vapeur ;

3° Grande facilité de nettoyage des générateurs ;

4° Suppression presque complète d'incrustations sur les tubes, par suite du mode d'alimentation qui se fait d'abord dans le générateurs à bouilleurs, pour se rendre ensuite dans la section tubulaire ;

5° Emploi de toute espèce de combustible : Bois, charbons maigres ou gras, bagasses, etc., par suite de la facilité de donner aux grilles les surfaces utiles pour l'emploi du combustible dont on peut disposer.

En un mot, ces générateurs donnent d'excellents résultats, et l'économie constatée par plusieurs essais faits par des hommes spéciaux a été d'au moins vingt-cinq pour cent sur les générateurs à bouilleurs ordinaires.

Entre autres essais, celui fait chez MM. Cambier frères, fabricants de sucre à Lambres, a donné 8lit.60 d'eau par kilogramme de charbon ; chez MM. Massard frères, filateurs à Férin, M. Le Verrier fils, ingénieur des mines, a constaté une production de 9lit.30 par kilogramme de houille et tout dernièrement, dans un nouvel essai fait chez M. Fiévet, fabricant de sucre et raffineur à Sin, près Douai, en présence de MM. Cambier, fabricants de sucre à Lambres, M. Paix, industriel, ancien élève de l'École polytechnique et M. Libotte, ingénieur constructeur à Lens, la vaporisation a été de 9ʰ.54 d'eau par kilogramme de houille.

Nous avons été à même d'étudier de très-près ce système, dans l'application d'une force de 400 chevaux que nous en avons faite en Angleterre, au montage de la distillerie de M. Robert Campbell ; M. Howard et d'autres grands ingénieurs anglais sont unanimes sur la valeur de ces générateurs.

La pratique a, du reste, sanctionné leur supériorité et nous savons qu'actuellement les générateurs de ce système montés en France, en Angleterre, en Allemagne, en Russie, etc., etc., représentent une surface de chauffe supérieure à ONZE MILLE MÈTRES CARRÉS.

Nous engageons donc beaucoup de fabricants à employer les semi-tubulaires de MM. Ed. Victoor et Eug. Fourcy; la dépense pour leur installation, surtout pour les grandes forces, n'est pas plus élevée que pour des générateurs à bouilleurs ordinaires, et l'économie de combustible qu'ils procurent est très-importante, surtout depuis la hausse des prix de la houille, qui ne reviendra plus, bien certainement, à ses anciens cours.

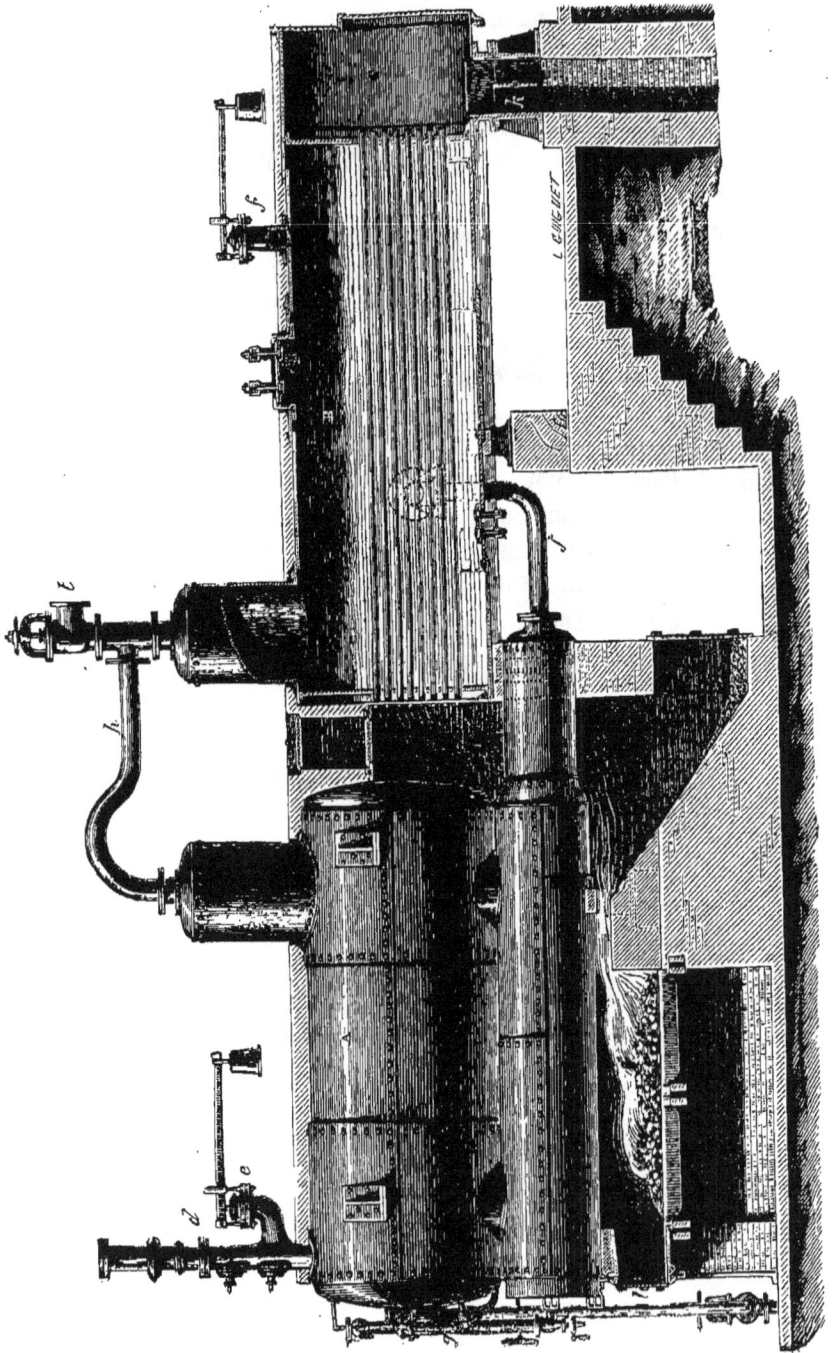

Fig. 8. — Générateur semi-tubulaire de MM. Ed. Victoor et Eugène Fourcy.

§ X. — Ensemble d'une distillerie de mélasses.

Nous donnons ici le plan et le devis d'une distillerie traitant journellement 10,000 kilogrammes de mélasse, et produisant environ 2,800 litres d'alcool fin et 1,000 kilogrammes environ de potasse brute. C'est l'usine la plus petite de ce genre que nous engagions à monter. A partir de cette quantité, nous en avons installé de toutes les dimensions ; la plus grande produit par jour 50 pipes, soit 310 hectolitres d'alcool, ce qui correspond au travail énorme de 110,000 kilogrammes de mélasses en 24 heures.

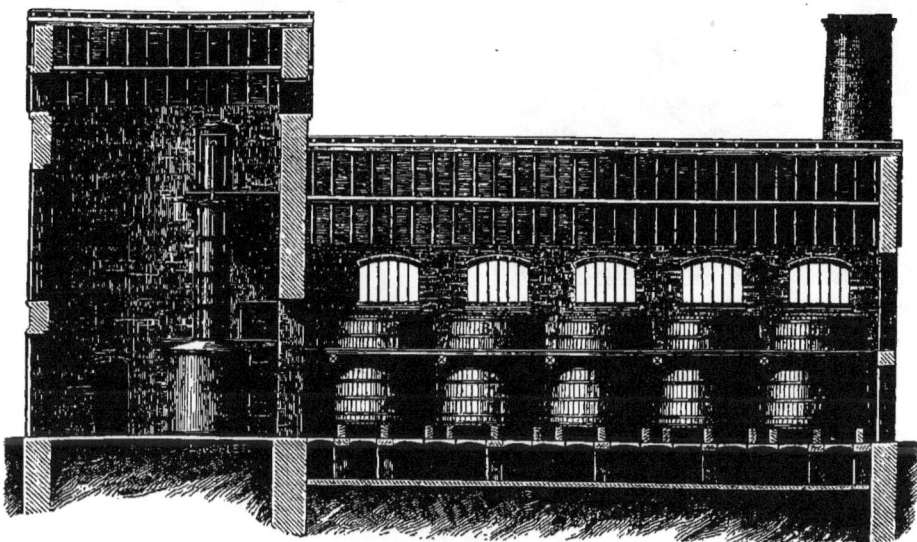

Fig. 9. — Vue en élévation d'une distillerie de mélasse pour un travail quotidien de 10,000 kilogr. avec production de potasse par le four de M. Eugène Porion.

Voici la légende explicative des figures 9 et 10 :

A. — Cuve à mélange, où l'on met la mélasse au point requis pour une bonne fermentation. On la délaie à cet effet avec de l'eau, pour la porter à 5 1/2 degrés du densimètre, et on porte la température du mélange de 24 à 26° centigrades. C'est aussi dans cette cuve que l'on met l'acide sulfurique nécessaire à la fermentation; le dosage de cet acide diffère suivant le degré d'alcalinité des mélasses.

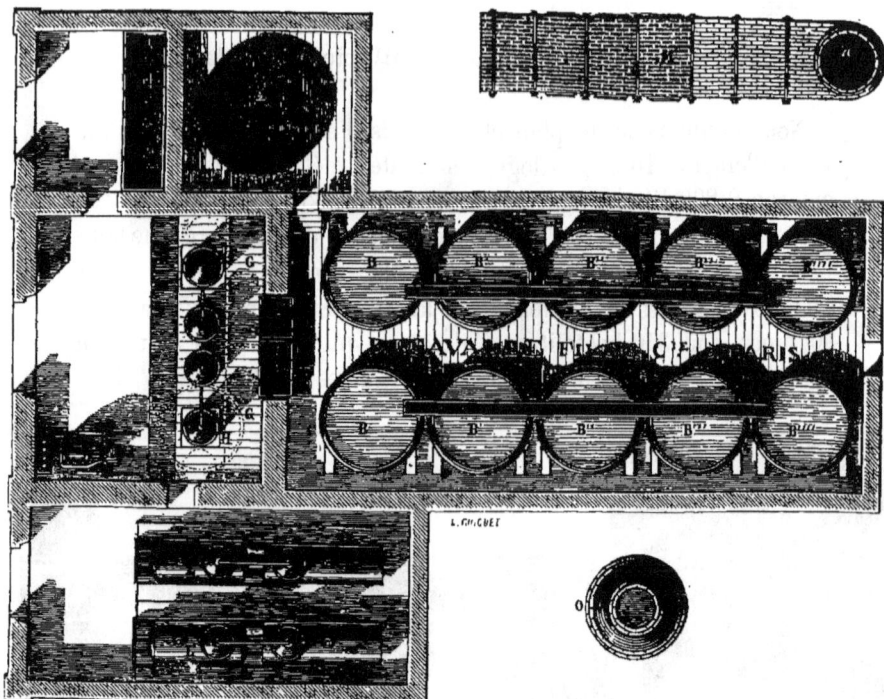

Fig. 10. — Vue en plan de la distillerie de mélasse, avec annexe d'un our à potasse de M. E. Porion.

B, B', B', etc. — Dix cuves de cent quatre-vingts hectolitres chacune, pour la fermentation.

C. — Citerne située sous les cuves, où ces dernières sont déversées pour être distillées.

D. — Réservoir à jus fermentés, pour l'alimentation de la colonne distillatoire.

E. — Réservoir d'eau froide.

F. — Appareil distillatoire, système Savalle, muni de son régulateur de vapeur.

G, G'. — Réservoir à flegmes.

H. — Appareil de rectification.

I. — Réservoir à 3/6 bon goût.

J. — Machine à vapeur.

K. — Pompes.

L, L'. — Deux générateurs semi-tubulaires, système E. Victoor, Fourcy et Cie.

M. — Four Porion, pour l'évaporisation des vinasses et pour l'incinération des potasses.

N. — Cheminée du four Porion.

O. — Cheminée de l'usine.

§ XI. — Devis approximatif du matériel d'une distillerie travaillant par jour 10,000 kilog. de mélasse de sucrerie de betteraves.

1° Force motrice :
Deux générateurs de 35 chevaux chacun.
Tôles, 17,400 kilog. à 65 fr. . . . . . Fr. 11.310
Fontes, 8,600 » 40 . . . . 3.440 ⎬ 15.350 »
Accessoires, environ. 600

2° Moteurs :
Une machine à vapeur de 6 chevaux pour les pompes et une de 6 chevaux pour le four à potasse. . ⎬ 5.500 »

3° Distillation :
Une colonne en cuivre n° 7 (prix variant suivant les cours des métaux) . . . . ⎬ 15.000 »
Support, pied de colonne à chauffage tubulaire. . . . 3.500 »

4° Rectification des alcools :
Un rectificateur n° 5 à chaudière en tôle (prix variant suivant le cours des métaux) . . . . 14.500 »

5° Pompes :
Une pompe à jus fermenté en bronze . . . .
Deux pompes à eau froide . . . . ⎬ 5.000 »
Deux pompes alimentaires . . . .

6° Fermentation :
Douze cuves en bois de 160 hectolitres chacune. . . . 4.000 »

7° Réservoirs en tôle :
Environ 10,000 kilog., à 65 fr. les 100 kilog. . . . . 6.500 »

8° Tuyauterie, robinetterie et montages divers, environ . . . . 6.500 »

A reporter. . . Fr. 75.850 »

Report. . . Fr.   75.850   »

9° Four Porion :

Carneau d'évaporation. — Fours et cheminée. . . . .   6 000   »

Prime de brevet à payer à l'inventeur. Mémoire . . .   »   »

TOTAL approximatif. . . . . . . Fr.   81.850   »

Dans ces dernières années, nous avons établi nos appareils pour des distilleries de mélasses très-importantes; il en est dont le travail dépasse cent mille kilog. de mélasse par 24 heures. — Nous donnons ci-dessous le devis du matériel complet d'une de ces grandes usines.

§ XII. — Devis approximatif du matériel d'une distillerie, travaillant par 24 heures 100,000 kilog. de mélasses.

1° Force motrice :

Chaudière à vapeur semi-tubulaires 500 chevaux vapeur, soit 650 mètres carrés de surface de chauffe, en tubes de fer à 135 fr. le mètre . . . . Fr.   87.750   »

2° Moteurs :

Une machine à vapeur de 30 chevaux pour les pompes et les concasseurs . . . .   10.200   »

A condensation, elle coûterait en plus 4,300 fr.

Une machine pour les fours Porion . . . .   10.200   »

3° Pompes :

Trois pompes centrifuges n° 2, pour les jus fermentés. }

Deux   d°   n° 4, pour l'eau froide . . .   2.500   »

Cinq clapets   270   »

Trois pompes alimentaires pour les générateurs. . . .   1.500   »

Garnitures d'actionnement, bielles en fer forgé, excen-
triques, colliers, tiges polies, etc., etc.. . . . . . .   1.500   »

Toute la transmission se composant : de chaises avec paliers graisseurs, poulies tournées, poulies engrenages divisés taillés, arbres tournés polis, bagues,

A reporter . . . . Fr.   113.920   »

Report . . . . Fr. 113.920 »

boulons, plaques, etc., à raison de 85 c. le kilog.,
pour 10,000 kilog. environ. . . . . 8.500 »

4° Distillation :

Deux colonnes distillatoires en fonte de fer, avec satellites en cuivre à 40,000 fr. l'une. . . . . 80.000 »

Si l'on mettait ces deux colonnes entièrement en cuivre,
le prix serait de 104,000 fr. les deux.

5° Rectification des alcools :

Deux rectificateurs n° 11, à chaudière en tôle, de 600
hectol. chacun, 62,500 fr. . . . . 125.000 »

Si l'on mettait les deux chaudières en cuivre rouge, le
prix des deux appareils augmenterait de 42.000 fr.

6° Réservoirs en tôle :

Quatre pour les alcools bruts de 200 hectol. chacun,
poids . . . . 11.200 kil.

Deux pour les alcools bon goût de 150
hectol. chacun, poids 4.450

Six de 500 hectol. chacun (4 m. de diam.
s. 4 m. haut., fond en tôle de 8 m/m.,
tour 7 m/m., couv. 6 m., poids 6,700),
pour le magasin à alcool fin 40.200

Un de 75 hectol., pour les 3/6 mauvais goût. 1.460

Un de 180 hectol., pour alimenter
d'eau froide les appareils. 1.900

Un de 200 hectol. pour les besoins de
l'usine 2.400

Un de 200 hectol., couv. pour les eaux
chaudes 2.800

Un de 120 hect. pour les jus fermentés
pour alimenter les appareils 1.900

Un de 60 hectol., pour délayer des mélasses 950

Pesant ensemble environ. . . 67.260 kil.

à 60 fr. les 100 kilog. (cours variable). . . . . 40.356 »

A reporter. . . . . Fr. 367.776 »

4

Report. . . . . Fr.	367.776	»

7° Saccharification et fermentation :

Quatre cuves de 250 hectol. chacune, à saccharifier . .	4.200	»
Douze cuves de 1,150 hectolitres chacune, à 2 fr. l'hec- litre	27.600	»
Deux pompes à chaînes, système Deriveaux. . . . . } Quatre concasseurs à grains. Mémoire . . . . }	»	»

8° Tuyauterie et robinetterie de l'usine et mon-
tages divers, environ . . . . | 20.000 | »

9° Fabrication de la potasse :

Fours système Porion	30.000	»
Prime de brevet à payer à l'inventeur. Mémoire . . .	»	»
TOTAL approximatif. . . . . Fr.	449.576 (1)	

§ XIII. — Compte de fabrication d'alcool de mélasses indigènes.

Par l'emploi de nos appareils de distillation des jus fermentés et ceux de rectification, combinés aux nouveaux procédés de fermentation que nous avons décrits, les distilleries sont parvenues à élever le rendement de 100 kilog. de mélasses à 28 litres d'alcool fin à 90 degrés. Ces distilleries obtiennent en outre 10 kilog. de potasse brute.

Voici ce que coûte, dans les usines produisant cinq pipes d'alcool par jour, le travail de 100 kilog. de mélasses.

Charbon.	1 f. 32 c. (2)
Levûre	» 56 (3)
Ouvriers.	» 53
Acide	» 28
Pipes pour loger l'alcool .	» 99
Francs. . . .	3 68 c.

---

(1) Ce devis a été établi sur les cours des métaux au mois de décembre 1872.

(2) La dépense de combustible est diminuée de 30 0/0 par l'emploi du four Porion. A Wardrecque, on n'emploie chez M. Porion, pour toutes les opérations de l'usine, en moyenne, que 49 kilog. de charbon par 100 kilog. de mélasse à 40° Baumé.

(3) La dépense de levûre se réduit au sixième, si l'on ajoute au travail des grains saccharifiés à l'acide.

A ce compte, il faut ajouter les frais généraux, l'intérêt et l'amortissement du capital. Ces éléments sont variables ; mais, en moyenne, l'intérêt et l'amortissement peuvent être fixés à 63 centimes par 100 kilog. de mélasse, dans une usine produisant au moins 6 pipes d'alcool.

Quant aux frais généraux, ils s'élèvent, pour ce même travail journalier, à 84 centimes. Dans une usine, au contraire, produisant par jour 15 pipes, la somme de 1 fr. 47, représentée par les éléments réunis que nous venons d'examiner, se réduit aussitôt à 56 centimes. Il en est ainsi pour toutes les fabrications qui se font en grand ; elles seules peuvent faire descendre aussi bas que possible le prix de revient.

Afin de permettre aux personnes qui voudraient monter des distilleries de mélasses de se renseigner du fonctionnement de ce genre de distillerie, nous avons groupé les adresses de ces usines dans une nomenclature spéciale ; on les trouvera à la page suivante.

§ XIV.—Nomenclature des distilleries les plus importantes de mélasses, provenant de sucre de betteraves montées en France, par la maison Savalle.

NOMS DES INDUSTRIELS	DEMEURES	DÉPARTEMENTS	PRODUCTION JOURNALIÈRE EN ALCOOL		RENSEIGNEMENTS
			BRUT	RECTIFIÉ	
FRANCE					
			LITRES.	LITRES.	
Bernard frères et Leurent	Bordeaux.......	Gironde..		7.000	M. Leurent, député du Nord à l'Assemblée nationale. MM. Bernard frères, raffineurs à Lille.
Billet (Alfred)...............	Cantin.........	—		5.000	
Les mêmes, 2ᵉ appareil.......	—	—	5.000		
Billet (Alfred) et Cᵢᵉ........ ..	Sermaize.....·..	Marne....		5.000	
Les mêmes, 2ᵉ appareil	—	—	5.000		
Billet (François)............	Marly........	Nord.....		7.000	M. F. Billet a monté en 1874 un rectificateur Savalle du nouveau système avec régulateur de condensation.
Le même, 2ᵉ appareil.......	—	—	5.000		
Usines de Bourdon, société limitée...................	Bourdon........	Puy-de-Dôme..		9.000	
Les mêmes, 2ᵉ appareil, colonne distillatoire (pour les mélasses)................	—	—	5.000		
Les mêmes, 3ᵉ appareil, colonne distillatoire (pour les grains).................	—	—	5.000		
Bouvet fils et Cᵢᵉ............	Aiscrey⁷........	Côte-d'Or.		5.000	
2ᵉ appareil................	—	—	5.000		
J. Chalon et Cᵢⱼ............	Pontoise........	Oise		7.000	Première usine ayant employé le régulateur de condensation.
2ᵉ appareil................	—	—	7.000		
G. Claudon.................	Denain.........	Nord.....		7.000	Négociants en spiritueux à l'Entrepôt, quai Saint-Bernard, à Paris.
2ᵉ appareil................	—	—	7.000		
Léon Crespel et Cᵢᵉ	Quesnoy-s-Deule.	Nord.....		4.000	Fabricant de sucre et distillateur. L'usine de Quesnoy travaille par campagne 25 millions de kilog. de betteraves et 3 millions de kilog. de mélasse.
Le même, 2ᵉ appareil.......	—	—		7.000	
	A reporter.......		44.000	63.000	

NOMS DES INDUSTRIELS	DEMEURES	DÉPARTEMENTS	PRODUCTION JOURNALIÈRE EN ALCOOL		RENSEIGNEMENTS
			BRUT	RECTIFIÉ	
Report.......			44.000	63.000	
Deschanvres et Cie..........	Bucy-le-Long...	Aisne....		2.500	
Les mêmes, 2e appareil......	—	—		4.000	
Louis Danel................	Salomé........	Nord.....		7.000	Fabricant de sucre et distillateur.
Dantu-Dambricourt..........	Steene, près Bergues.........	Nord.....		7.000	Fabricant de sucre, distillateur.
Delgute et Cie..............	Saint-Pierre-lez-Calais........	Nord.....		3.600	Négociant, rue Princesse, à Lille.
Le même, 2e appareil........	—	—		3.600	
Distillerie et potasserie d'Aubervilliers. J. **Froment**, direct.	Aubervilliers ...	Seine....	4.000	4.000	
2e appareil, colonne distillatoire rectangulaire.......	—	—	4.000		
Félix Dehaynin..............	Aux Corbins près Lagny.......	Seine-et-Marne.		3.600	Négociant, 58, rue d'Hauteville, à Paris. Établissement des charbons agglomérés; médaille d'or à l'Exposition universelle de 1867. Chevalier de la Légion d'honneur.
Le même, 2e appareil, colonne distillatoire pour 80,000 kilogrammes de betteraves par jour..............	—.	—	4.000		
Deschanvres et Cie..........	Denain........	Nord.....		5.000	
Le même, 2e appareil.......	—	—	5.000		
Delloye-Lelièvre............	Iwuy.........	—		5.000	Sucrerie et distillerie.
Célestin Droulers...........	Wasquehal....	—		5.000	Distillateurs et fabricants de sucre.
Charles Droulers............	Roubaix.......	—		5.000	
Le même, 2e appareil, colonne pour les grains.........	—	—	5.000		
Le même, 3e appareil, colonne pour les betteraves.......	—	—	5.000		
Louis Droulers..............	Ascq..........	—		4.000	Fabricant de sucre, distillateur et agriculteur.
Le même, 2e appareil, colonne distillatoire pour la mélasse et les betteraves.........	—	—	4.000		
Duriez et Droulers..........	Coppenansfort ..	—		3.500	Fabricants de sucre et distillateurs.
Durin et Cie................	Capelle........	—		7.000	
A reporter.......			75.000	122.800	

NOMS DES INDUSTRIELS	DEMEURES	DÉPARTEMENTS	PRODUCTION JOURNALIÈRE EN ALCOOL BRUT	RECTIFIÉ	RENSEIGNEMENTS
Report			75.000	132.800	
Cie Franco-Belge, raffinerie ...	Marseille	Bouches-du-R.		4.000	
La même, 2e appareil, colonne distillatoire pour les mélasses de cannes	—	—	4.000		
Gouvion-Deroy	Denain	Nord		2.500	Distillateur. Fabricant de sucre et raffineur.
Le même, 2e appareil	—	—	2.500		
G. Houvenaghel et Derousseaux.	Salomé, p. Lille.	Nord		3.600	
Kolb-Bernard (Armand)	Plagny	Nièvre ...		3.000	Sucrerie de Plagny.
2e appareil, colonne rectangulaire avec chauffage tubulaire	—	—	3.000		
A. Lefebvre	Corbehem, près Douai	Nord		8.000	
Le même, 2e appareil, colonne distillatoire pour les mélasses	—	—	8.000		
Le même, 3e appareil	—	—		2.000	
De Lacroix fils	Moulins, Lille ...	—		4.000	
2e appareil	—		4.000		
Lamblin frères	Marquettes-lez-Lille	—		5.000	
Leduc	Frocourt	Oise		1.000	
Lesaffre et Bonduelle	Marquettes-lez-Lille	Nord		4.500	
Les mêmes, 2e appareil	—			8.500	
— 3e appareil	Marcq-enBarœuil	—		9.000	
— 4e appareil	Marquettes-lez-Lille	—		10.000	
Le baron Michel	Marly	—		4.500	
2e appareil	—	—	4.500		
Peuvion-Mollet	Illies	—		2.500	
Pointurier et Cie	Frais-Marais	—		4.000	
Eugène Porion	Wardrecques ...	Pas-de-Calais.		9.000	Inventeur d'un nouveau four à potasse, qui supprime l'évaporation préalable des vinasses. Médaille d'argent, Exposition 1867.
2e appareil	—	—	9.000		
3e appareil	—	—		3.600	
A reporter, ...			110.000	221.500	

NOMS DES INDUSTRIELS	DEMEURES	DÉPARTEMENTS	PRODUCTION JOURNALIÈRE EN ALCOOL		RENSEIGNEMENTS
			BRUT	RECTIFIÉ	
		Report......	110.000	221.500	
Louis Porion et Cie.........	Saint-André-lez-Lille.........	Nord.....		9.000	Distillerie de grains par le malt, livrant par jour 2,000 hectolitres de drèches. — Distillerie de mélasses, avec production de potasse.
Raguet, Soupeault et Cie......	Chauny........	Aisne....		8.000	
2e appareil..................	—	—			
3e appareil, colonne distilla-toire..................	—	—	14.000		
Robert de Massy............	Rocourt........	—		8.000	
Les mêmes, 2e appareil......	—	—		18.000	
— 3e appareil......	—	—		12.000	
— 4e appareil......	—	—		18.000	
Robert de Massy............	Ham..........	Somme..		8.000	
Le même, 2e appareil........	—	—		8.000	
— 3e appareil, co-lonne distillatoire pour les mélasses..............	—	—	14.000		
J. Savary et Cie............	Nesle......	—		6.500	
2e appareil..............	—	—		3.000	
Émile Schotsmans..........	Ancoisne.......	Nord.....		5.000	
2e appareil, colonne rectangul. avec chauffage tubulaire...	—	—	5.000		
Tilloy-Delaune et Cie........	Courrières......	—		13.000	Distillateurs raffineurs de potasse, et fabricants de guano artésien.
Le même, 2e appareil........	—	—		5.000	
— 3e appareil........	—	—		13.000	
J. Wagner et Cie............	Lewarde.......	—		3.000	
Le même..................	—	—	4.000		
		TOTAL........	147.000	358.500	*litres d'alcool de mélasses,*

pouvant être produits par jour en France par les

appareils SAVALLE.

§ XV. — Nomenclature des distilleries de mélasses les plus importantes montées à l'étranger.

NOMS DES INDUSTRIELS	DEMEURES	DÉPARTEMENTS	PRODUCTION JOURNALIÈRE EN ALCOOL		RENSEIGNEMENTS
			BRUT	RECTIFIÉ	
Report............			147.000	358.500	
AUTRICHE					
Actien Spiritus Fabrik.......	Chrudin.........	Bohême..		7.500	
Paul Primavesi.............	Olmutz.........	Moravie..		7.500	
J. Latzel et Cⁱᵉ.............	Pawlowitz......	—		2.500	
Les mêmes, 2° appareil......	—	—	2.500		
Le prince de Salm..........	Raitz..........	—		4.500	
BELGIQUE					
Carbonnel-Nérinkx frères.....	Tournai........	Hainaut..	18.000		Colonne rectangulaire la plus puissante montée en Belgique.
Auguste Dumont.............	Chassart........	Brabant..		3.600	
Félix Witouck..............	Leeuw-St-Pierre,			4.500	
Le même, 2ᵉ appareil pour la distillation des mélasses...	près Bruxelles. —	—	3.600		
Le même, 3ᵉ appareil pour la rectification des alcools....	—	—		4.000	
Mᵐᵉ vᵉ Raimbeaux et Legrand.	Tongres-Notre-Dame....	Hainaut..		2.500	
Les mêmes, 2ᵉ appareil......	—	—		3.600	
Le baron de Saint-Symphorien.	Mons..........	—		5.000	
2ᵉ appareil................	—	—		2.000	
HOLLANDE					
Kiederlen..................	Rotterdam......	....		7.500	Distillerie de mélasses la plus importante de la Hollande.
2ᵉ appareil, colonne distillatoire....................	—	....	3.600		
3ᵉ appareil................	—	....		3.000	
A. de Bruyn et Cⁱᵉ..........	Zevenbergen....	Brabant s.		3.600	
Le même, 2ᵉ appareil.......	—	—	3.600		
RUSSIE					
Vladimir Czarnowski........	Umann Popndnia.....	Kieff.....		2.000	
SUÈDE					
Tranchell.................	Landskrona.....	....		2.500	
TOTAL..........			178.300	424.300	*litres d'alcool de mélasses,*
pouvant être produits par jour par les appareils SAVALLE.					

II

DISTILLATION DES MÉLASSES EXOTIQUES

§ Ier. — **Distillation des mélasses provenant des sucreries de cannes pour la production des tafias, des rhums et des alcools neutres à 96°.**

DISTILLERIES ANNEXÉES AUX SUCRERIES

· La plupart des distilleries de mélasses de cannes sont annexées aux sucreries ; elles exigent très-peu de matériel, puisqu'il suffit :

1° De quelques cuves en bois pour la fermentation ;

2° D'un appareil distillatoire rectangulaire;

3° D'une pompe pour élever les liquides fermentés.

Quant à la vapeur nécessaire au chauffage, elle est empruntée à la Sucrerie.

La dépense principale est celle de l'appareil distillatoire, représenté fig. 11. Le prix variable suivant sa dimension est indiqué dans un tableau ci-contre.

Nous avons livré aux colonies beaucoup d'appareils à plateaux perforés, aujourd'hui, pour une foule de motifs que nous indiquons page 155. Nous donnons la préférence aux colonnes distillatoires rectangulaires; ce sont celles que nous fournirons à l'avenir à tous nos clients.

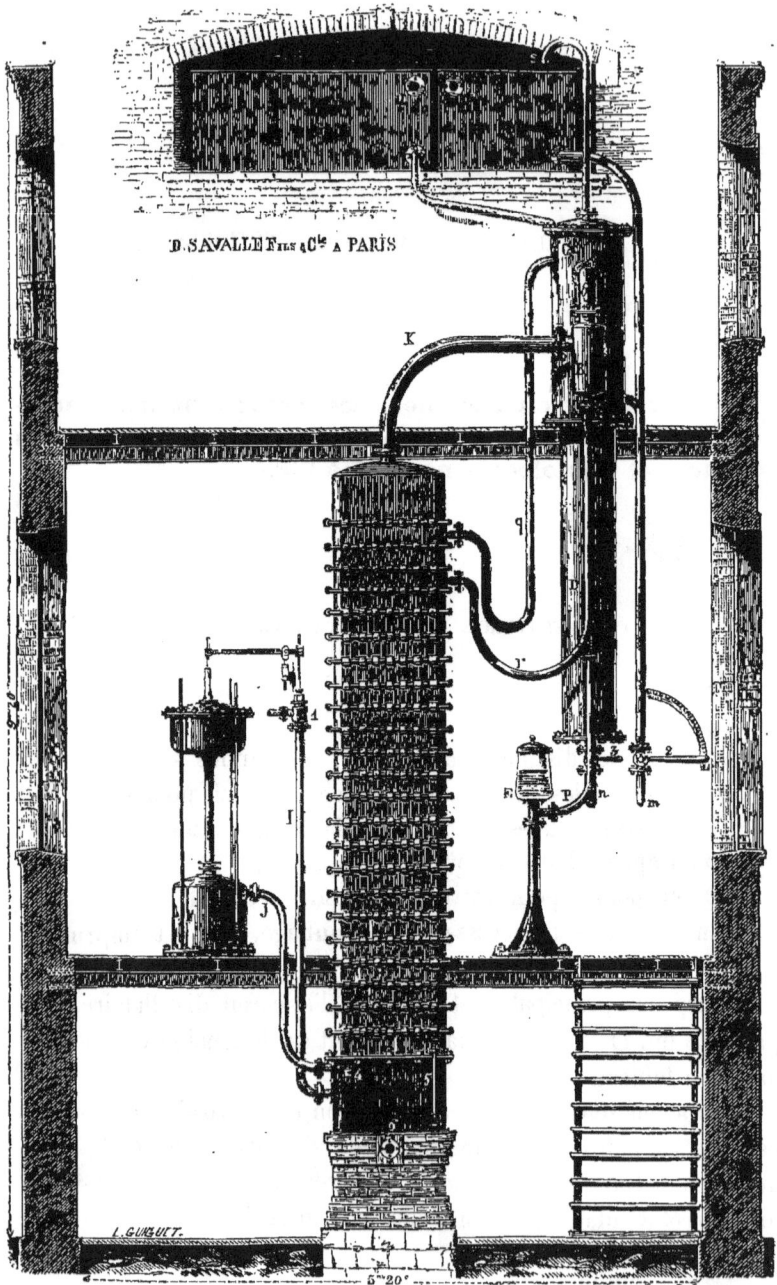

Fig. 11. — Nouvel appareil rectangulaire pour la production des tafias et des rhums.

§ II. — **Prix des appareils pour la production des tafias et des rhums.**

NUMÉROS de DIMENSION	QUANTITÉ DE TAFIA à 60 degrés PRODUITE PAR JOURNÉE DE 10 HEUᵉˢ	PRIX DES APPAREILS EN CUIVRE ROUGE variant. AVEC LE COURS DES MÉTAUX
	Litres.	Fr.
1	750	6.900
2	1.000	8.600
3	1.250	10.300
4	1.500	12.100
5	1.750	13.800
6	2.000	15.500
7	2.250	17.250
8	2.500	19.000
9	2.750	20.700
10	3.000	22.425
11	4.000	29.900
12	5.000	36.800

§ III. — **Distilleries spéciales de mélasses aux colonies.**

Il existe sur le continent européen de nombreuses distilleries qui travaillent spécialement les mélasses achetées aux sucreries. Ces usines, installées avec un bon matériel et avec des appareils perfectionnés, produisent beaucoup, à bon compte, et réalisent généralement de très-beaux bénéfices. La même opération pourrait avantageusement s'effectuer dans les colonies, où les fabriques de sucre ne distillent pas leurs mélasses et n'en ont ainsi qu'un emploi bien secondaire; et cette opération serait très-lucrative, car, dans la bonne pratique, le rendement de la mélasse est de 33 litres d'alcool à 100 degrés pour 100 kilog. de mélasse à 40 degrés Baumé, ou encore de 77 litres de tafias à 60 degrés pour 100 litres de mélasse à 40 degré Baumé.

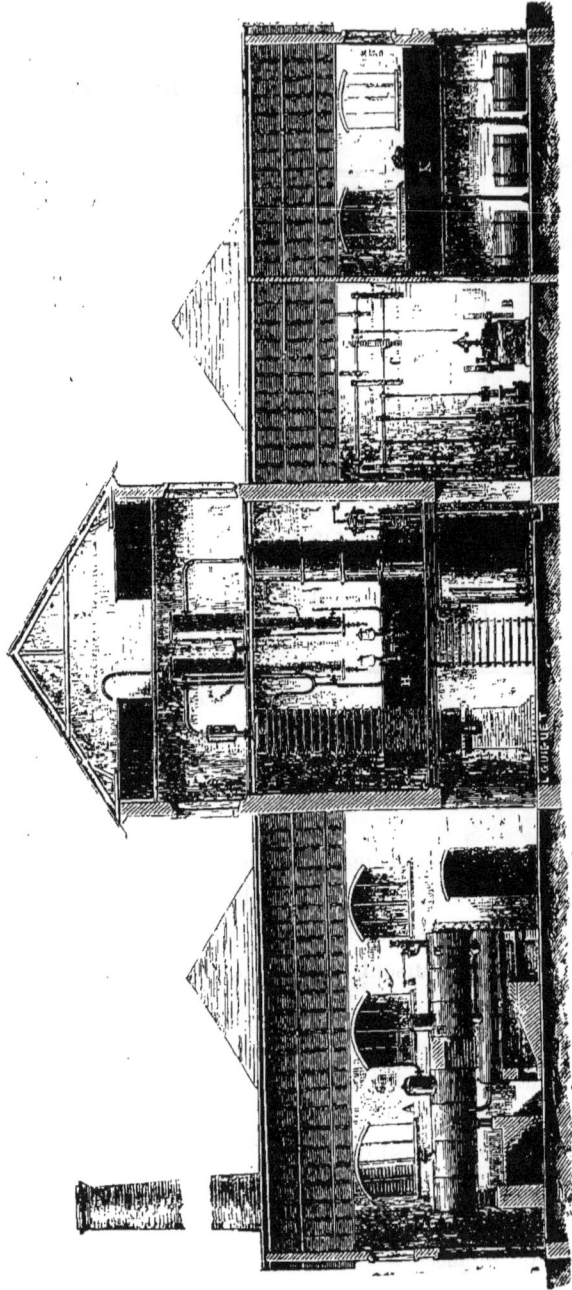

Fig. 12. — Ensemble d'une distillerie spéciale de mélasses pour les colonies.

Fig. 13. — Vue en plan de l'ensemble d'une distillerie de mélasses pour les colonies.

En dehors des soins spéciaux qu'une usine importante apporte à son travail de fermentation, on pourra y accélérer cette dernière en ajoutant aux mélasses, comme on le fait en France, 6 pour 100 de sirop de glucose provenant de grains saccharifiés par l'acide, et l'on pourra diminuer ou supprimer complétement le réemploi des vinasses dans les fermentations, qui n'a pour effet que de retarder considérablement la marche de ces fermentations, en leur donnant une densité factice qui ne provient pas du sucre à transformer.

En Europe, on se garderait bien de réintroduire des vinasses dans le travail. Des essais de ce genre ont souvent été faits, mais toujours ils ont donné un résultat négatif. Dans les colonies, on a employé ce moyen, et il y est généralement répandu, parce que l'on prétend obtenir ainsi un rendement plus grand en alcool. Les colons se basent sur ce raisonnement que leurs appareils distillatoires étant défectueux, ils laissent échapper de l'alcool dans les vinasses, et qu'en réemployant celles-ci, on récupère, en partie, l'alcool perdu par un travail de distillation imparfait.

Ce raisonnement est juste, dans le cas d'emploi de mauvais appareils ; mais la perfection n'est pas là. Il faut d'abord se servir d'appareils distillatoires, dont le travail assure l'épuisement complet de l'alcool contenu dans les fermentations, et permet de ne pas s'occuper des vinasses, qui sont en réalité des résidus. Il faut ensuite employer des grains saccharifiés par l'acide, *pour donner à la fermentation les trois millièmes d'acidité nécessaires au développement de toute bonne fermentation alcoolique.* On arrivera ainsi à un maximum de rendements supérieur même aux 33 pour 100 d'alcool pur, indiqué ci-dessus.

Les usines installées dans les centres sucriers, spécialement pour la distillation des mélasses de cannes, pourront livrer à volonté leurs produits à l'état de tafias ou rhums, ou à l'état d'alcool fin, épuré et rectifié à 96 degrés. Elles pareront ainsi aux éventualités commerciales, qui font varier les cours des tafias, lorsque par moment la consommation s'en ralentit. *L'alcool à 96 degrés sera plus transportable ; il épargnera 36 pour 100 du prix du fret. De plus, ce dernier produit sera directement appli-*

cable, dans les colonies, à la fabrication des liqueurs et à celle des
eaux-de-vie, des cognacs, des genièvres, des wisky, etc. Car cet
alcool étant neutre, sans goût d'origine, on pourra le dédoubler
avec de l'eau distillée, et le parfumer complétement par une simple
addition de 10 à 15 pour 100 de vrai cognac, de genièvre ou de
wisky, suivant que l'on aura à obtenir l'un ou l'autre de ces
produits.

Plusieurs de nos clients des colonies sont déjà entrés dans cette
voie. C'est ainsi qu'en 1874, la Société Sucrière Coloniale de
Londres nous a commandé un rectificateur n° 7 pour la distillerie annexée à sa grande sucrerie de la Trinidad. MM. Dénégri
et fils, de Londres, nous ont acheté un rectificateur n° 3, pour leur
usine de Lima. Nous avons enfin installé la distillerie de Massarah-
el-Sammalouth, appartenant au vice-roi d'Égypte, où fonctionnent
deux colonnes distillatoires rectangulaires et trois rectificateurs
qui produisent journellement 14,000 litres d'alcool fin à 96°.

Fig. 14. — Coupe transversale d'une distillerie de mélasses pour les colonies.

Pour donner une idée assez exacte de l'ensemble d'une distillerie spéciale de mélasse de cannes, c'est-à-dire installée pour absorber à elle seule les mélasses de plusieurs sucreries, nous avons fait établir, sur nos plans, des dessins que représentent les figures 12, 13 et 14, dont voici la légende :

A. Générateurs semi-tubulaires, dont nous avons fait de nombreuses applications et qui procurent une grande économie de combustible.

B. Petite machine à vapeur qui actionne les pompes, et dont la vapeur perdue peut être utilisée pour le chauffage de la colonne distillatoire.

C. Pompes à eau, à jus fermentés, et d'alimentation des générateurs.

D. Pompe à chaîne pour élever les mélasses.

E. Cuve préparatoire ou de composition.

F. Cuves de fermentation.

G. Nouvelle colonne distillatoire rectangulaire très-appréciée en France, et dont quelques modèles seulement ont été livrés aux colonies et en Egypte. Nous établissons ce nouveau système en toutes dimensions. Il y en a qui traitent par jour les fermentations de 75,000 kilog. de mélasses. Nous en livrons de petits, pour un travail de 2,000 kilog. de mélasse en dix heures.

H. Réservoirs à tafias.

I. Réservoirs à eau et à vins pour alimenter les appareils.

J. Rectificateur pour épurer et concentrer les tafias et en porter le degré à 96.

K. Réservoir à alcool fin à 96 degrés.

. — **Nomenclature des distilleries, traitant les mélasses de cannes
sucre, montées par la maison Savalle aux colonies et à l'étranger.**

NOMS DES INDUSTRIELS	DEMEURES	DÉPARTEMENTS	PRODUCTION JOURNALIÈRE EN ALCOOL		RENSEIGNEMENTS
			BRUT	RECTIFIÉ	
ÉGYPTE					
			LITRES.	LITRES.	
n Altesse le Khédive d'Egypte	Usine de Nassarah-el-Sammalouth......	....		7.000	L'usine à sucre de Sammalouth est établie pour traiter par jour 1;800,000 kil. de cannes. Elle a été construite pour le Khédive par la Compagnie française de Fives-Lille.
appareil rectificateur.....	—	....		7.000	
— —	—	....		3.300	
— colonne rectangu-aire en cuivre..........	—	....	7.000		
appareil, colonne rectangul{re}	—	....	7.000		
BRÉSIL					
Schumann et Cie.........	Rio-Janeiro.....	....		1.000	
nzer et Spaan	—	....	1.000		
n Ollivela..............	—	....		2.500	
Ferraro et fils............	Bahia...........	....		2.000	
ESPAGNE					
Agrela..............	Grenade......	....		1.000	
même, 2e appareil, colonne istillatoire.............	—	....		1.000	
Chica Rodriguez et Aurioles.	—	....		3.000	
mêmes, 2e appareil, co-onne distillatoire.........	—	....	3.000		
ios et fils..............	Malaga.........	....		2.500	
mêmes, 2e appareil......	—	....	2.500		
iété sucrière péninsulaire..	Madrid.........	....		1.200	
même, 2e appareil........	—	....	1.200		
apagnie sucrière de San uillermo..............	Malaga.........	....		2.000	Directeur, M Huélin.
ppareil, colonne rectangu-ire..............		....	2.000		
AFRIQUE (Guinée méridionale.)					
....	Benguella......	....	1.800		Appareil acheté par l'entre-mise de M. A. de la Roque.
AMÉRIQUE CENTRALE (Guatemala.)					
uardiola	Hacienda Chocola	....	7.500		
A reporter..........			34.000	32.500	

NOMS DES INDUSTRIELS	DEMEURES	DÉPARTEMENTS	PRODUCTION JOURNALIÈRE EN ALCOOL		RENSEIGNEMENTS
			BRUT	RECTIFIÉ	
Report.............			34.000	32.500	
ILE DE MADÈRE					
Société sucrière.............	Madère........			3.000	
2e appareil, colonne distillatre	—		3.000		
LA GUADELOUPE					
Le Dentu et Cie	Sucrerie de Bologne...		2.000		Usine établie par la Compagnie de Fives-Lille
LA MARTINIQUE					
Le baron de Larenty, appareil servant à la production des rhums..................	Fort de France.		3.500		
Eugène Eustache.............	Usine de Galion.	Trinité...	3.000		
A. de Meynard.............	Usine de la Dilon		5.000		
Rousselot et Cie	—	St-Pierre.	5.000		
Guillaud et Cie	Usine de la Rivière-Salée.		7.500		
Assier de Pompignan.........	Usine du Lamentin...		7.500		
ILE MAURICE					
Hewetson.................			5.000		
2e appareil rectificateur produisant les alcools fins à 96 degrés...............				5.000	
PÉROU					
Félix Denegri.............	Lima...........		6.000		Pour leur propriété de Chacavento.
2e appareil, un rectificateur n° 3..................	—		*	2.000	
LA TRINIDAD					
Limited Company de Londres.	Usine du petit Morne..		7.500		
2e appareil, un rectificateur n° 7..................	—			7.000	
X.................			2.500		Appareil acheté par la maison Fawcet, Preston et Cie, constructeurs à Liverpool.
Total.............			91.500	49.500	

L'ensemble des appareils SAVALLE montés pour la distillation des mélasses de sucreries de cannes fournit par jour : 91.500 litres de tafias à 60° et 49.500 litres d'alcool fin à 96°

CHAPITRE DEUXIÈME

DISTILLATION DE LA BETTERAVE

---

§ I. — Les distilleries agricoles de betteraves.

L'introduction de la culture de la betterave et l'établissement des distilleries et des sucreries rendent toujours florissante l'agriculture d'une contrée. Le plus bel exemple de cette prospérité nous est donné, en France, par le département du Nord et par ceux des départements limitrophes où les agriculteurs ont suivi la même voie. Toutefois, pour installer une sucrerie, il faut des capitaux énormes et, lorsqu'on a ces capitaux, il faut encore des quantités considérables de betteraves (25 millions de kilogrammes au moins). De là résulte, qu'il est toujours aléatoire, de monter de prime abord une sucrerie dans un pays où la culture de la betterave ne se fait pas depuis des années sur une grande échelle; il est plus sage de commencer par une distillerie agricole. Ce genre d'installation se fait avec un capital très-restreint, et l'on trouve facilement des betteraves nécessaires à l'alimentation du travail de l'usine. La distillerie agricole est, de plus, une opération très-simple, lorsqu'elle se pratique avec un outillage perfectionné, tandis que, au contraire, les opérations de la sucrerie sont nombreuses, compliquées, et exigent de bons praticiens, des hommes spéciaux. *Par tous ces motifs, l'installation des distilleries est à conseiller dans l'intérêt des agriculteurs, qui cherchent à augmenter les produits de leurs terres.*

Une distillerie est indispensable à toute exploitation agricole bien montée, *c'est la fabrique d'engrais à bon marché*, et, par conséquent, l'objet le plus essentiel et le plus indispensable en agriculture.

Quoique la question d'engrais soit la première à considérer dans la création de ce genre d'établissement, il ne faut pas y perdre de vue la *production économique et parfaite de l'alcool*, qui doit venir payer les engrais et laisser, en outre, au cultivateur un bénéfice raisonnable ; pour cela, nous conseillerons aux agriculteurs de multiplier le plus possible *les distilleries bien installées*, avec un matériel très-complet, laissant à la ferme tous les bénéfices, tous les produits à tirer de ce genre de travail. Car si les distilleries bien montées donnent de bons résultats, celles qui le sont mal, ou imparfaitement, n'en donnent que de négatifs.

Il faut donc, pour qu'une distillerie agricole soit dans de bonnes conditions, *que son travail soit d'une certaine importance*, de 15,000, 20,000 ou 40,000 kilog. de betteraves par vingt-quatre heures, afin que les frais de main-d'œuvre soient relativement réduits. Il faut *que cette distillerie fonctionne par la vapeur*, afin d'obtenir le fonctionnement régulier des appareils mécaniques et de distillation et de rectification. Un générateur à bouilleurs coûte peu et les gens de la ferme apprennent bientôt à s'en servir. Les distilleries qui n'emploient pas la vapeur, ne marchent toujours que très-imparfaitement et perdent de l'alcool, par leurs appareils distillatoires chauffés irrégulièrement à feu nu.

Il faut, enfin, *qu'une distillerie agricole rectifie ses alcools bruts* et livre directement au commerce des alcools rectifiés. Sans cela, elle perd le bénéfice de la rectification, qui est considérable et, de plus, les frais de transport et de coulage sur l'alcool brut (ou flegme) qu'elle envoie souvent à de grandes distances pour les faire rectifier. Quand, au contraire, la rectification des alcools s'opère dans la ferme, il n'y a pas de frais de transports perdus, pas de frais de main-d'œuvre, d'éclairage, etc. ; car l'ouvrier-distillateur qui surveille l'appareil à flegmes surveille aussi le rectificateur ; la même lampe éclaire les deux appareils ; et dans le magasin à alcool moins de main-d'œuvre encore, car, au lieu d'expédier et d'enfûter des flegmes à 50 degrés, c'est-à-dire contenant moitié d'eau, on expédie des alcools fins à 97 degrés.

C'est condamner à l'infériorité et même l'insuccès une distillerie agricole, que de la monter à feu nu ; car on l'empêche de rectifier ses alcools et on la force ainsi à laisser la plus belle part de ses bénéfices dans les mains de distillateurs mieux outillés.

Nous engageons beaucoup les distilleries qui se trouvent dans ces mauvaises conditions de réussite, à se procurer *un générateur* et *un appareil de rectification des alcools* pour mettre leur travail dans des conditions plus normales.

Pendant plusieurs années et jusqu'en 1866, les distilleries, agricoles traitaient les betteraves par la macération à la vinasse ; depuis, nous avons fait appliquer le travail des presses continues, pour les usines dont le travail journalier arrive à 40,000 kilog. de betteraves.

Nous indiquerons ici ces deux méthodes de distillation, pour que nos clients puissent choisir celle qui conviendra le mieux aux besoins de leur exploitation.

Le travail de la macération est à conseiller pour les usines traitant 15, 25, ou même 35,000 kilog. de betteraves, et quand les pulpes sont destinées à être consommées sur place, dans la ferme. Le travail des presses continues est surtout avantageux, quand on opère sur des quantités de betteraves plus grandes ; et lorsque la pulpe est destinée à être portée au loin, cette pulpe de presses étant moins chargée d'eau économise beaucoup de charrois.

§ II. — Ensemble d'une distillerie agricole opérant par la macération.

Afin de simplifier le travail des distilleries agricoles et de réaliser une économie notable sur la main-d'œuvre à la macération des betteraves ; nous avons combiné un montage bien simple, par lequel la betterave se rend mécaniquement dans le coupe-racines

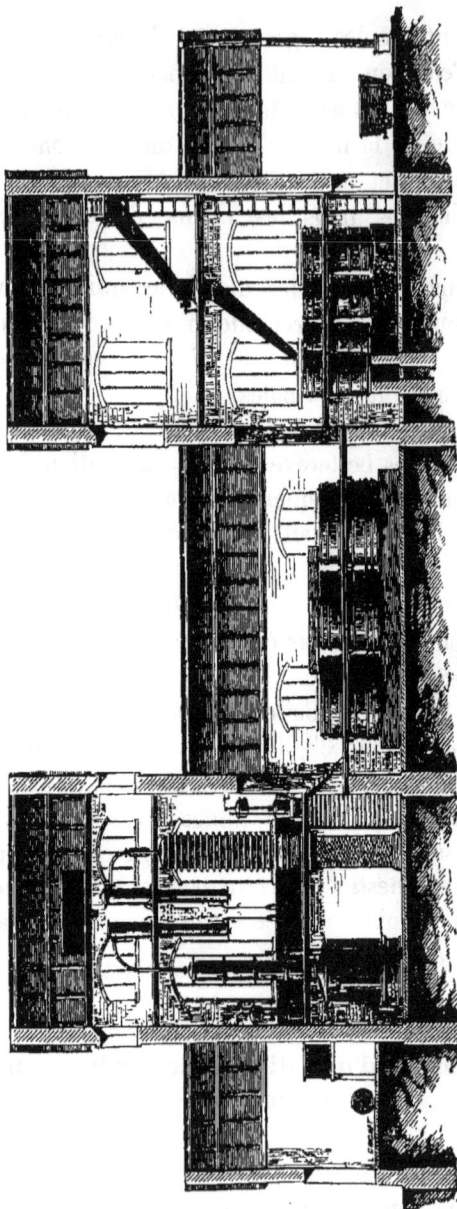

Fig. 15. — Ensemble d'une distillerie agricole de betteraves fonctionnant par la macération.

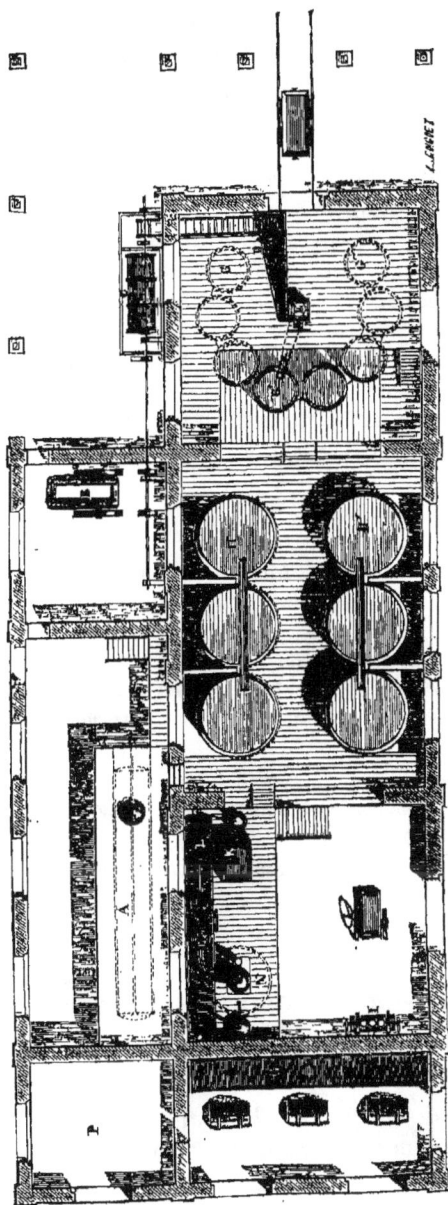

Fig. 16. — Vue en plan de la distillerie agricole fonctionnant par la macération.

et tombe de là, naturellement, dans chaque macérateur. Nous donnons au plan d'ensemble en élévation et en coupe, fig. 15 et 16, cette installation, dont nous nous sommes, du reste, réservé la propriété par un brevet.

Voici la légende explicative de cette installation :

A. — Générateur à vapeur.

B. — Machine à vapeur pour l'atelier d'extraction.

C. — Laveur situé dans le magasin à betteraves.

D. — Élévateur montant au coupe-racines les betteraves lavées.

E. — Coupe-racines.

F. — Distributeur de cossettes, système Savalle, à mouvement rayonnant, se rendant à volonté dans chacun des macérateurs. Ce distributeur est très-simple, coûte très-peu à établir et remplace avantageusement les distributeurs compliqués, dispendieux et s'arrêtant toujours, que nous avons vus dans certaines usines.

G. — Cuviers de macération.

H. — Cuves de fermentation.

I. — Pompes à jus fermenté, à eau froide, et d'alimentation pour le générateur ; actionnées par un petit moteur spécial indépendant de l'atelier d'extraction des jus.

J. — Réservoir à jus fermentés.

K. — Colonne distillatoire en fonte, rectangulaire du nouveau système Savalle, semblable en plus petit à celle montée aux Moëres françaises, chez M. Réné Collette.

L. — Réservoir à flegmes.

M. — Réservoir à eau froide alimentant le rectificateur.

N. — Appareil de rectification.

O. — Réservoir aux alcools bon goût.

P. — Bureau.

§ III. — Macération des betteraves.

Les betteraves lavées en C sont élevées au moyen de la courroie en caoutchouc D dans une rigole qui communique à l'entonnoir du coupe-racines E ; réduites en cossettes, elles tombent naturellement dans le distributeur F, et ce dernier, en tournant sur un pivot central, communique la cossette pour charger alternativement chacun des macérateurs G, G', G''.

On ne pouvait remplacer par un mécanisme plus simple le travail des hommes employés dans les distilleries, à mettre la betterave dans le coupe-racines, et à élever ensuite les cossettes pour les jeter à la pelle dans les macérateurs. Outre l'économie de main-d'œuvre, il y a perfection dans le travail, parce qu'elles sont déposées dans les macérateurs avec une légèreté et une régularité que l'ouvrier le plus habile ne saurait atteindre, et que les cossettes restent moins de temps exposées à l'action de l'air. On évite, par l'emploi de ce distributeur, les pelottes de cossettes compactes que la macération n'attaque pas et qui sont perdues pour la distillerie.

La · distribution de l'acide étendu se fait par un conduit en caoutchouc qui se rend directement dans la rigole de distribution des cossettes. Ce travail est ainsi simplifié, car dans l'ancienne distribution, il faut un tube et un robinet distributeur à chaque macérateur.

En industrie, l'outillage le plus simple est le meilleur ; cette installation nouvelle du travail de la macération rendra et rend déjà de grands services, en diminuant les frais de fabrication et en augmentant, par sa rapidité, le rendement alcoolique de la betterave.

Les macérateurs C, G′, G″ sont remplis alternativement de betteraves ; la cossette s'y trouve maintenue entre deux faux fonds en tôle percés de trous. On commence, après avoir chargé un macérateur, à l'emplir de jus faibles provenant d'une précédente opération, ou d'eau chaude, si l'on est au début du travail de la distillerie ; on abandonne alors ce premier macérateur au repos pendant deux à trois heures, pour laisser au liquide le temps de faire la pénétration des cellules de la betterave et de dissoudre le sucre qui y est contenu. Une heure et demie après l'emplissage du premier macérateur, on charge de cossettes le second, et ainsi de suite se charge toute la série de G en G.

Quand le premier macérateur a eu ses deux, ou à volonté trois heures de macération, on alimente du jus faible à sa partie supérieure et le jus à fort degré sort à la partie inférieure du macérateur pour se rendre par trop plein aux cuves de fermentation ;

on alimente ainsi de 4 1/2 à 5 litres de liquide par minute pour
chaque mille kilog. de betteraves contenues dans le macérateur.
Ce travail dure environ 4 heures 1/2, et varie suivant la richesse
des betteraves. Pendant ce laps de temps, le degré des jus sortant du macérateur, fort au début, a diminué progressivement
et n'est plus que de 1 ou d'une fraction de degré supérieure au
degré des sels contenus dans les vinasses : on en est prévenu, en
plongeant un densimètre dans un système d'éprouvette que nous
ajoutons dans nos montages à chaque macérateur. — A ce moment, on met le macérateur en communication avec la pompe à
jus faibles et on coule sur le macérateur de la vinasse, en ayant
soin de le maintenir toujours plein ; au bout d'une demi-heure
de ce coulage, les cossettes sont complétement épuisées. On
arrête alors l'alimentation des vinasses sur le macérateur, et on
épuise par la pompe tout le liquide qu'il contient, pour pouvoir
ouvrir le trou d'homme en fonte et en extraire les cossettes épuisées ou pulpes de betteraves, qui sont dirigées vers les étables
ou dans les silos. La pompe à jus faibles, en fonctionnant, élève
ces jus dans un réservoir, d'où ils sont envoyés au macérateur
suivant.

Dans beaucoup d'usines on envoie les jus faibles sortant d'un
macérateur directement sur les cossettes d'un macérateur suivant ;
cette manière d'opérer est bonne et diminue le travail de la pompe
à jus faibles.

Il est très-essentiel, pour obtenir un bon travail, d'avoir un
nombre de macérateurs assez grand, de manière à pouvoir envoyer
à la fermentation constamment une moyenne des jus qui ne soit
ni trop faible et trop chaude, ni trop riche et trop froide ; ce qui
arrive toujours lorsqu'on n'emploie que trois macérateurs. Il est
important aussi de bien veiller à la dimension des cossettes de
betteraves fournies par le coupe-racines ; elles doivent être pour le
bien d'environ deux millimètres seulement d'épaisseur.

Pour clore ces renseignements relatifs à la macération, nous
donnerons ici ceux qui nous ont été fournis dans le temps par
l'une des personnes à qui nous avions vu pratiquer la macération
avec le plus de perfection et sur la plus grande échelle, puis-

qu'elle travaillait, par jour, 80,000 kilog. de betteraves. Ce prati-
cien est M. J. Pezeyre, actuellement secrétaire de la Chambre
syndicale des distillateurs à Paris ; il était, avant d'occuper ce poste,
directeur de la distillerie de M. Félix Dehaynin, aux Corbins.

Les macérateurs, dans cette usine, étaient au nombre de huit ;
ils se chargeaient chacun de 3,000 kilog. de cossettes de betteraves. On passait sur chaque macérateur : d'abord, pendant 5 heures, 4,000 litres de jus faible *(ce qui représente bien, comme nous
l'avons dit précédemment, environ 1 litres 6/10 par minute par chaque mille kilog. de betteraves contenues dans le macérateur.)*

Les jus forts produits pendant cette première période étaient
envoyés à la fermentation *(ce qui représente, par kilog. de betteraves, 1 litre 333 centimètres cubes de liquides employés, comme
extraction des jus)*. Puis, dans la seconde période, on coulait,
pendant une heure sur chaque macérateur, pour l'épuiser complétement, 4,000 litres de vinasses, qui étaient repris par la pompe
à jus faibles et se trouvaient élevés dans un réservoir pour servir
à d'autres macérations.

On coulait donc dans cette usine des jus faibles sur cinq macérateurs, dont le produit alimentait la fermentation ; un macérateur se vidait complétement de vinasses par la pompe, un autre
se vidait de pulpes et le dernier se remplissait à nouveau de
cossettes fraîches.

La fermentation des jus de betteraves s'opérait, aux Corbins,
avec une grande perfection ; la température des jus envoyés pour
alimenter à continu les cuves y variait de 18 à 22 degrés centigrades et ces jus étaient dosés à 3 millièmes d'acide sulfurique
pour une richesse de 3 degrés ou densimètre.

La fermentation s'opère à continu dans les cuves II : c'est-à-
dire qu'on met en fermentation une première cuve au moyen de
la levûre de bière et que pour les suivantes, on prend toujours du
liquide d'une cuve en fermentation (soit la moitié ou le tiers de
cette cuve), que l'on fait passer dans la cuve à emplir ; puis on
alimente à continu sur cette cuve et également sur celle dont on
a pris une partie, les jus venant de la macération ; toutes les cuves se font ainsi à la suite, en empruntant du liquide en fermen-

tation de la précédente et le travail s'exécute pendant des mois
sans employer de levûre de bière.

Les jus fermentés sont distillés dans la colonne distillatoire
rectangulaire de notre système K, qui envoie les alcools bruts
dans le réservoir en tôle, et qui retourne à la macération ses
vinasses chaudes épuisées. Le rectificateur N sépare de l'alcool
brut les éthers et les huiles essentielles, et le produit achevé à
l'état d'alcool fin, livrable au commerce, se rend dans le réservoir en
tôle O, où il se trouve emmagasiné à l'abri de tout coulage et de
l'évaporation jusqu'au moment de son expédition.

§ IV. — **Devis approximatif du matériel d'une distillerie
travaillant par jour 15,000 kilog. de betteraves, et
livrant au commerce ses produits rectifiés à l'état de
3/6 fin à 96 et 97 degrés centésimaux.**

1° Force motrice :

Un générateur de vapeur de quinze chevaux :

Tôle, 3,700 kilog. à 65 fr. 2,405		
Fonte, 1,200 — à 45 — . . . . · 540	3.275	»
Accessoires, environ. 330		

2° Moteur :

Machine à vapeur de 5 chevaux. . . . .   2.200   »

3° Pompes :

Groupe de 3 pompes pour eau froide, jus faible et jus
fermentés.   850   »

Une pompe alimentaire. . . . . · . .   850   »

Transmission de mouvement, à 1 fr. le kilog. environ.   1.400   »

4° Distillation des jus fermentés :

Une colonne distillatoire rectangulaire en fonte, avec
satellites en cuivre. . . . .   5.600   »

5° Rectification des alcools :

Un rectificateur à chaudière en tôle, intermédiaire du
n° 1 au n° 2. . . . .   6.000   »

A reporter. . . . Fr.   20.175   »

Report. . . Fr. 20.175 »

6° Réservoirs en tôle divers, pesant ensemble environ 2,800 kilog. à 65 fr. . . . . 1.820 »

7° Macération :

1 laveur de betteraves.	300	
6 macérateurs en bois	780	
6 portes en fonte.	240	2.325 »
12 fonds percés, 450 kilog. à 1 fr.	450	
1 cuve à vinasses	230	
1 coupe-racines.	325	

8° Fermentation :

4 cuves de 80 hectol. chacune . . . . 960 »

9° Tuyauterie et robinetterie de l'usine, environ. 2,000 »

Matériel complet : Total (1). . . . . . . Fr. 27.280 »

§ V. — **Devis approximatif du matériel d'une distillerie traitant par jour 20,000 kilog. de betteraves, et livrant au commerce ses produits rectifiés à l'état de 3/6 fin à 96 et 97 degrés.**

1° Force motrice :

Un générateur de vapeur de 20 chevaux :		
Tôle, 5,000 kilog. à 65 fr. . . . . Fr.	3.250	
Fonte, 1,600 — 45 —	720	4.300 »
Accessoires, environ.	330	

2° Moteur :

Une machine à vapeur de 5 chevaux . . . . 2.000 »

3° Pompes :

Groupe de 3 pompes pour eau froide, jus faibles et jus fermentés. . . . . 850 »

Une pompe alimentaire. . . . . 850 »

A reporter. . . Fr. 8.000 »

(1) Soit environ 1,800 francs par 1,000 kilog. de betteraves travaillées par 24 heures.

Report. . . Fr.			8.000	»
Transmission de mouvement, environ (1 fr. le kil.) . .			1.500	»

4° Distillation des jus fermentés :

Une colonne distillatoire rectangulaire en fonte, avec satellites en cuivre. . . . . 6.600 »

5° Rectification des alcools :

Un rectificateur n° 2, à chaudière tôle. . . . . . . 6.600 »

6° Réservoirs en tôle :

Un pour les alcools bruts, contenant 40 hectol.,
poids. . . . . 800 kilog.

Un pour les alcools rectifiés, contenant 40
hectol., poids. 800

Un pour les mauvais goûts, contenant 25
hectol., poids. 570

Un pour les jus faibles, contenant 25
hectol., poids. 375

Un pour l'eau froide , contenant 15
hectol., poids. 250

Un pour les jus fermentés, contenant 15
hectol., poids. 250

Un pour l'eau chaude, contenant 15
hectol., poids. 250
_____
3.295 kilog.
à 65 fr. les 100 kilog.   2.142 »

7° Macération :

Un laveur de betteraves . . . . Fr. 350
Six macérateurs en bois 840
Six portes en fonte pour macérateurs 240
Douze fonds percés pour macérateurs, 500 kilog.   2.500 »
à 1 fr. 500
Une cuve à vinasse 300
Un coupe-racines 350

8° Fermentation :

Quatre cuves de 110 hectol. chacune. . . . . 1.320 »

9° Tuyauterie et robinetterie de l'usine :

Cuivre, bronze, fonte de fer, environ. . . . . 2.500 »

Matériel complet : Total (1). . . 31.162 »

_____

(1) Soit environ 1,550 francs par mille kilog. de betteraves, travaillées par jour.

§ VI. — **Devis approximatif du matériel d'une distillerie travaillant par jour 35,000 kilog. de betteraves, et livrant au commerce ses produits rectifiés à l'état de 3/6 fin à 96 et 97 degrés centésimaux.**

1° Force motrice :
Un générateur de vapeur de 30 chevaux :

Tôles, 7,400 kilog. à 65 fr.	4.810	
Fontes, 2,400 kilog. à 45 fr.	1.080	6.290 »
Accessoires, environ	400	

2° Moteur :
Machine à vapeur de 5 à 6 chevaux . . . .   2.400 »

3° Pompes :

Une pour les jus fermentés	
Une à eau froide.	
Une d'alimentation du générateur	2.500 »
Une à jus faibles	
Transmission de mouvement, à 1 fr. le kilog. . . .	1.500 »

4° Distillation des vins .
Une colonne distillatoire rectangulaire en fonte, avec
   satellites en cuivre, n° 3 . . . .   8.500 »

5° Rectification des alcools bruts :
Un rectificateur n° 1, à chaudière en tôle. . . . . . .   9 600 »

6° Réservoirs en tôle :

Un pour les alcools bruts de 100 hectol., poids	1.850 kilog.
Un pour les alcools rectifiés, de 50 hectol,	1.030
Un pour les jus faibles de 25 hectol. . .	570
Un pour l'eau froide de 25 hectol. . . .	570
Un pour l'eau chaude de 25 hectol. . . .	525
	4.545 kilog.

à fr. 65 les 100 kilog. . . . .   2.824 »

A *reporter*. . . . . Fr.   33.614 »

Report. . . . Fr.   33.614   »

7° Macération :

Un laveur à betteraves. . . . . Fr.	450	
Huit macérateurs en bois.	1.240	
Huit portes en fonte pour macérateurs. . . .	400	3.540 »
Seize fonds percés, 750 kilog. à 1 fr.	750	
Une cuve à vinasses	300	
Un coupe-racines	400	

8° Fermentation :

Six cuves en bois de 100 hectolitres chacune. . . . .   1.800   »

9° La tuyauterie et robinetterie de l'usine,

variant suivant la disposition des locaux . . . . . .   3.500   »

Matériel complet : TOTAL (1) . . Fr.   42.454   »

Il ressort des trois devis qui précèdent, que plus le travail des distilleries est important, moins le matériel coûte en proportion. Ainsi, pour un travail de 15,000 kilog. de betteraves, la moyenne de la dépense par 1,000 kilog. est de 1,800 francs, tandis qu'elle n'est que de 1,550 quand le travail est de 20,000 kilog., et de 1,200 francs seulement quand le travail de l'usine s'élève à 35,000 kilog. de betteraves par 24 heures.

Il y a donc avantage à établir les distilleries d'une certaine importance, d'abord sous le rapport du prix du matériel ; ensuite, sous le rapport de la rapidité du travail qui fait qu'on traite les betteraves en un nombre de jours moins grand, ce qui diminue la dépense de main-d'œuvre.

Comme les pulpes se mettent en silos, le travail de la distillerie est indépendant de celui de la ferme. Les pulpes sont emmagasinées dans des fosses creusées tout simplement dans la terre, et s'emploient au fur et à mesure des besoins de la ferme. Ces pulpes, ainsi conservées, se gardent des années et sont meilleures au bout de quelques temps, parce qu'elles se combinent dans les silos avec la menue paille qu'on y mélange. Dans les départements

---

(1) Soit environ 1,200 francs par 1,000 kilogrammes de betteraves, travaillées par 24 heures.

du nord de la France, on trouve auprès de chaque étable un silo de pulpe, où l'on puise la nourriture du bétail.

Les trois devis qui précèdent sont susceptibles de variations ; ils sont établis sur les cours des métaux au mois de décembre 1872.

§ VII. — Distilleries agricoles de betteraves opérant par les râpes et les presses continues.

Nous avons, dans le chapitre précédent, parlé des distilleries pour les exploitations agricoles de moyenne importance ; nous traiterons, dans celui-ci, des distilleries à installer dans les grandes exploitations agricoles, ou à établir dans les centres de plusieurs fermes, pour travailler les betteraves de celles-ci, et y retourner les pulpes produites dans l'usine.

Pour opérer plus en grand, il devient difficile d'employer le système de la macération des betteraves, à cause de la difficulté et des frais nécessités par le transport des pulpes, qui retiennent, par ce système, une proportion de liquide considérable.

Aussi, quand le travail à réaliser dépasse 40,000 kilog. de betteraves par 24 heures, nous engageons nos clients à employer le système des presses continues, et nous avons déjà installé ainsi bon nombre de distilleries qui opèrent, par jour, sur 40 à 50,000 kilog. de racines, d'autres travaillent 100,000 kilog. Nous en avons même dont le travail est de 200,000 kilog. de betteraves par 24 heures.

Voici la légende explicative des figures 17 et 18 :

A. — Local des générateurs.
B. —   »   de la machine et des pompes à eau et à jus fermenté.
C. —   »   pour les betteraves et laveur.
D. —   »   des presses continues.
E. —   »   des cuves de fermentation.
F. —   »   des appareils de distillation et de rectification des alcools.
G. —   »   des réservoirs en tôle pour loger les alcools fins rectifiés à 96°.

6

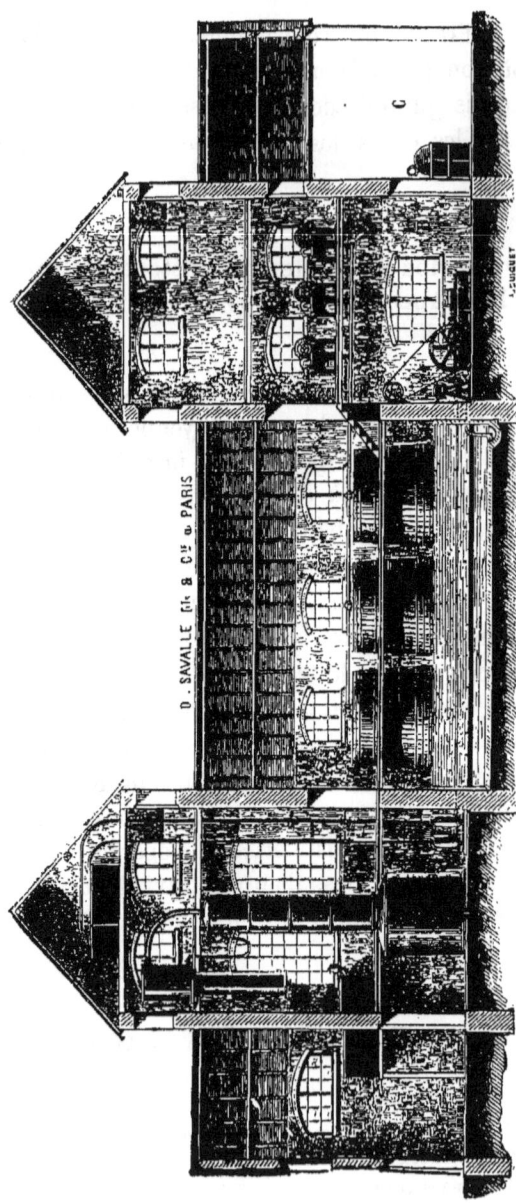

Fig. 17. — Ensemble d'une distillerie agricole travaillant les betteraves par le système des presses continues.
Installation exécutée en Angleterre et appliquée à la loi anglaise régissant les distilleries.

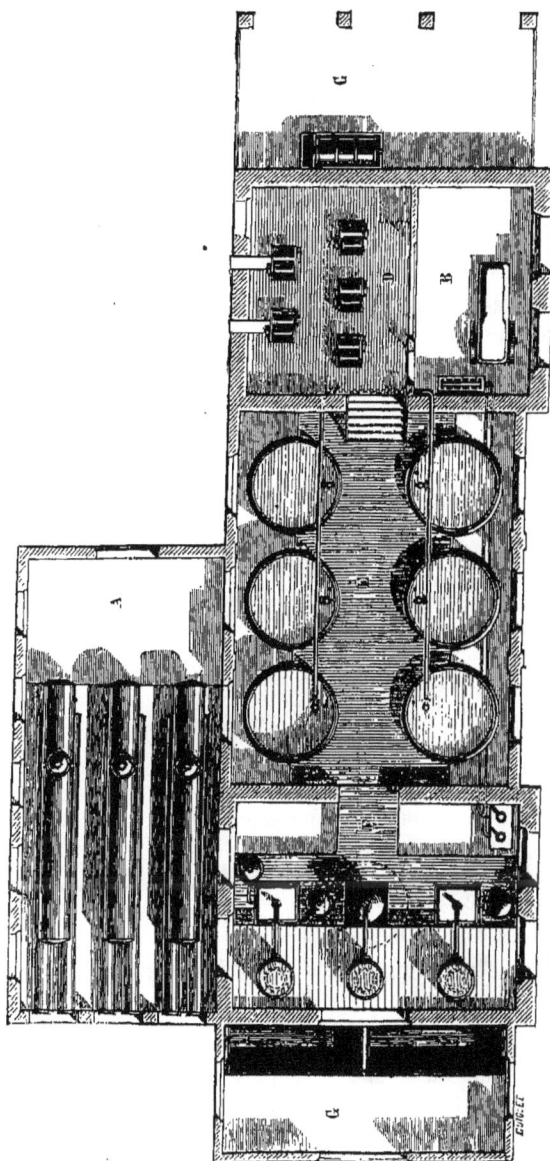

Fig. 18. — Vue en plan de la distillerie agricole marchant par les presses continues.

§ VIII. — Pompe à pulpes de M. Désiré Saval e.

L'emploi des presses continues, qui tend de plus en plus à se répandre, nécessite généralement une pompe pour aspirer ou recevoir la pulpe à sa sortie de la râpe, et la refouler, sous une certaine pression, dans la boîte des cylindres filtrants. Cette opération présente quelques difficultés qui tiennent principalement à ce que, d'une part, la matière sur laquelle on opère est plus ou moins pâteuse et à ce que, d'autre part, cette matière contient accidentellement des morceaux de betteraves, dits *semelles*, échappés à l'action de la râpe et qui viennent gêner le fonctionnement des clapets ou soupapes.

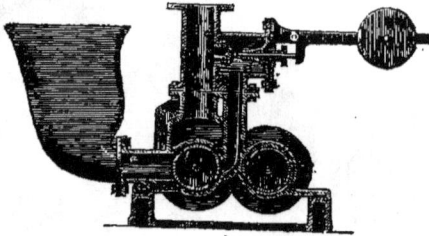

Fig. 19. — Coupe transversale par *ab* de la pompe à pulpes D. Savalle.

Il nous a donc fallu créer des pompes de construction spéciale et appropriées à cet usage.

Cette pompe est représentée dans les figures ci-contre, 19, 20 et 21.

La pulpe, au sortir de la râpe, tombe dans l'entonnoir représenté figure 19, entre dans l'appareil par le conduit *a* et vient occuper l'espace libre entre les deux pistons *b* et *c* qui font l'office de tiroirs distributeurs de chaque côté du piston *d* de la pompe proprement dite. Cette pompe est actionnée par bielle et manivelle. Il en est de même des deux pistons distributeurs. Seulement les deux manivelles, formées par les coudes de l'arbre moteur,

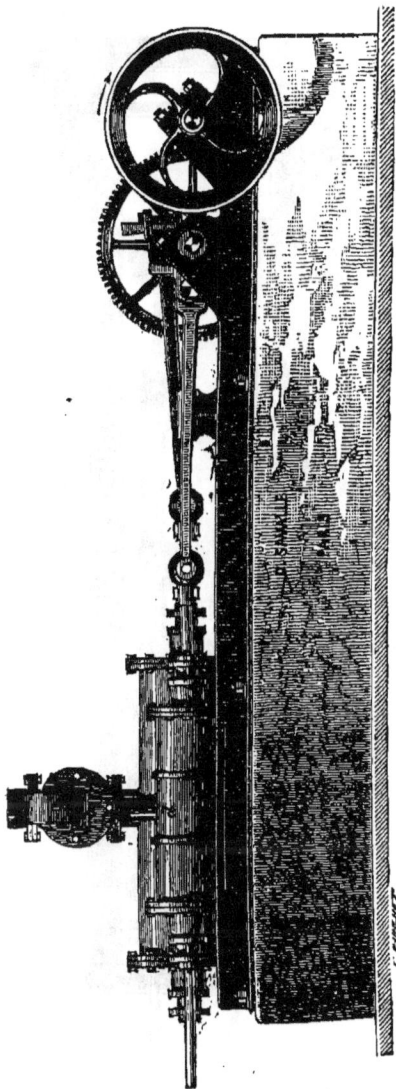

Fig. 20. — Vue en élévation de la pompe à pulpes D. Savalle.

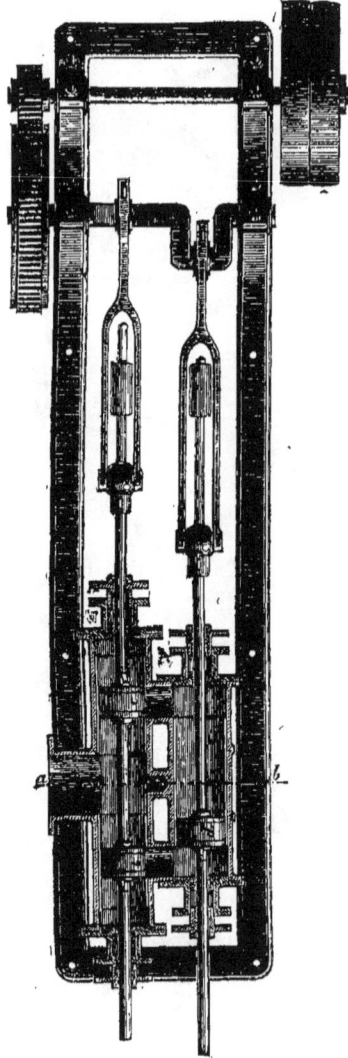

Fig. 21. — Plan et coupe horizontale de la pompe à pulpes D. Savalle.

sont placées à angle droit l'une par rapport à l'autre. Il résulte de cette disposition que quand le piston *d* est au bout de sa course, les deux pistons *b* et *c* sont au milieu de la leur et ferment les orifices d'entrée de la pulpe dans la pompe, comme le montre la figure 21. Aussitôt que le piston *d* reprend sa course en sens contraire, le piston *b* débouche son orifice et la pulpe pénètre derrière le piston *d*, tandis que ce piston refoule en avant une certaine quantité de pulpe qui ne peut s'échapper que par le tuyau *e*, figures 19 et 20, le piston *c* obstruant le passage vers l'orifice d'entrée *a*. Quand le piston *d* arrive à droite au bout de sa course, les deux orifices sont de nouveau bouchés par les pistons *b* et *c*, marchant toujours en sens contraire du piston *d*. Ainsi de suite.

On voit qu'il n'y a pas d'aspiration, ce qui nécessite de placer la machine en contre-bas de la râpe, et que le cylindre de la pompe se trouve rempli par simple déplacement de la pulpe qui peut ainsi être dans un état plus ou moins solide et contenir des semelles sans que le fonctionnement de la pompe en souffre.

On voit aussi que *les contre-pressions sur les pistons distributeurs s'équilibrent*, et ne surchargent pas la machine, puisqu'il y a communication constante, par le conduit de refoulement *e*, entre les espaces libres laissés derrière les deux pistons et que, *par suite de la disposition adoptée pour la tige qui traverse les deux côtés, les fonds du cylindre, les surfaces de ces pistons sont parfaitement égales*.

Une soupape de sûreté *f*, placée sur la conduite de refoulement *e*, figure 19, ramène dans l'espace libre du cylindre distributeur la pulpe refoulée en excès par la pompe.

En résumé, cette pompe à pulpes à double effet est, bien entendu, simple de construction et donne à l'usage d'excellents résultats.

J'emploie, dans mes installations, la pompe que je viens de décrire, ou, à volonté, la pompe à tiroir, à simple ou à double effet, combinée dans le même but, et dont toutes les surfaces sont parfaitement équilibrées, pour pouvoir opérer de fortes pressions sans dépense perdue de force; la figure 22 donne une pompe à tiroir à simple effet.

Fig. 22. — Pompe à tiroir de M. D. Savalle appliquée à refouler les pulpes de betteraves dans les presses continues.

Voici la légende explicative de cette machine.

a. — Cylindre contenant le piston plein de la pompe.

b. — Boîte contenant le tiroir équilibré de la pompe.

c. — Tubulure pour l'arrivée des pulpes.

On peut appliquer sur celle-ci un bac formant entonnoir où se déverse la pulpe de la râpe, ou l'appliquer directement sous le délayeur de pulpes de la seconde pression ; ce délayeur forme alors lui-même entonnoir.

d. — Conduite pour la pulpe refoulée dans les presses.

e. — Soupape de sûreté, laissant retourner par *h* les pulpes dans le moment où les presses sont obstruées ; ces pulpes retournent dans le réservoir ou dans le délayeur.

f. — Bielle d'actionnement de la pompe.

g. — Bielle du tiroir.

i. — Tige de compensation du tiroir.

Ce nouveau système de pompe s'applique avantageusement à une foule d'autres usages, là où les pompes à clapets créent beaucoup d'embarras. Parmi ces applications, nous citerons :

L'alimentation des générateurs avec de l'eau très-chaude ;

L'alimentation des jus troubles dans les filtres-presses ;

Le refoulement des jus des râperies ;

Le refoulement de tous les liquides pâteux ou contenant des solides en suspension.

§ IX. — Presse continue de M. Désiré Savalle.

Cette presse se distingue de celle du système Pecqueur, perfectionnée dans ces derniers temps par plusieurs ingénieurs : en ce que la pulpe de betterave y est soumise *à une pression progressive et soutenue, pendant environ cinq minutes, pendant lesquelles le jus sort parfaitement de la betterave,* tandis que, dans la presse Pecqueur à rouleaux, cette pression s'opère seulement sur la tangente des rouleaux ; elle *est instantanée et insuffisante à une extraction parfaite.*

La pulpe de betterave refoulée par une pompe, entre en *d,* s'engage sur le noyau de l'hélice *e* et y avance en diminuant progressivement de volume pour sortir au bout de la presse en *f.*

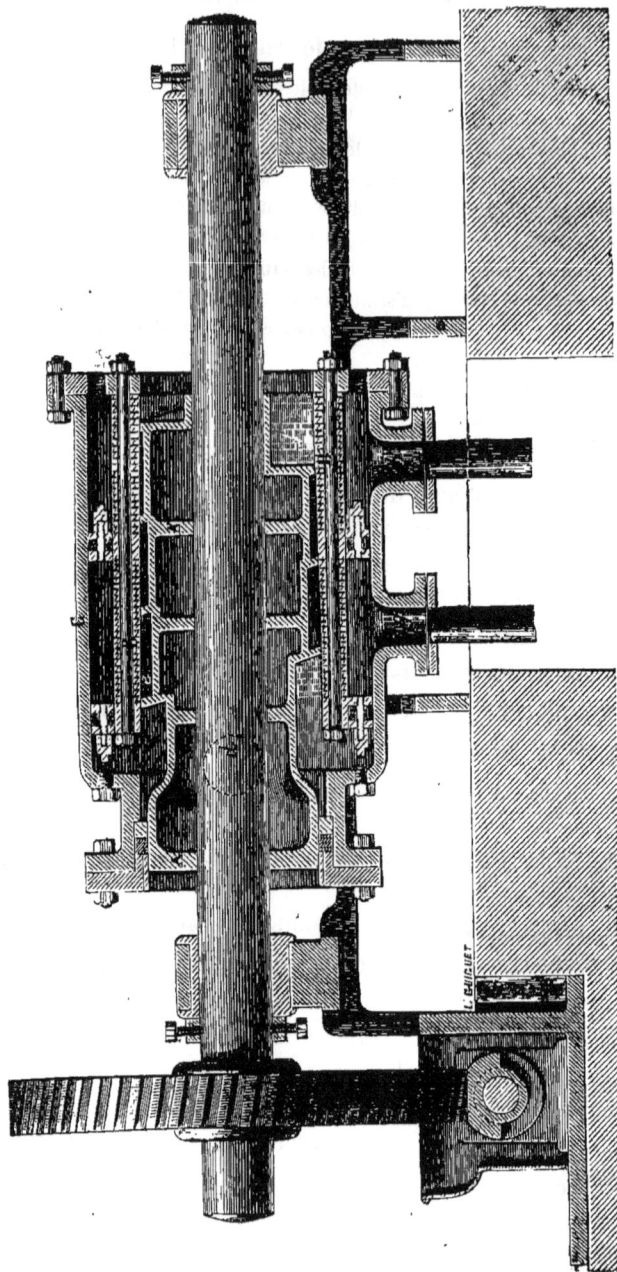

Fig. 23. — Presse continue de M. Désiré Savalle. (Coupe longitudinale.)

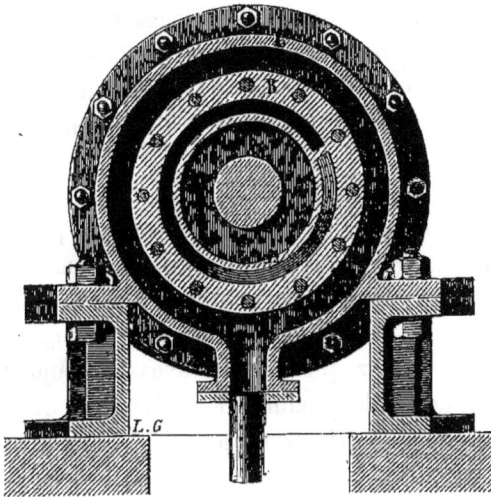

Fig. 24. — Coupe transversale de la presse Savalle.

Le jus sort de l'enveloppe de la surface filtrante par des conduits
g. h. et se rend dans un tamiseur pour y abandonner le peu de
pulpes folles qui se trouve entraîné.

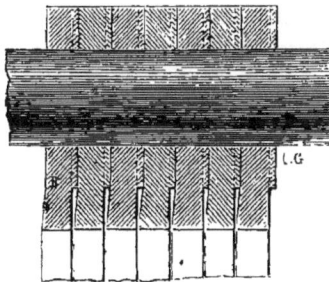

Fig. 25. — Surface filtrante en bronze de la presse Savalle.

Nous avons obtenu avec cette presse, de la pulpe plus sèche
que celle de la presse hydraulique; malgré cela, il y a toujours
avantage, pour l'extraction, à presser deux fois en mouillant la
pulpe sortant de la première pression.

La presse Savalle se distingue encore, par la solidité de sa surface filtrante représentée figure 25. Elle est composée de brides en bronze, et peut résister à un très-grand effort de pression.

Nous avons établi cette presse de grande dimension, fournissant un travail de quatre-vingt mille kilogrammes de betteraves par vingt heures.

Nous avons en dernier lieu réduit les dimensions de cet outil et nous obtenons un excellent travail en traitant, par vingt heures, quarante mille kilogrammes de betteraves seulement.

Pour faire usage des presses continues, il est indispensable de maintenir dans un parfait état la râpe, en changeant les lames très-fréquemment, pour que la betterave soit toujours régulièrement râpée, et éviter de produire de la bouillie, qui passerait en grande partie par les surfaces filtrantes de la presse.

La presse Savalle s'applique à une foule d'usages autres que l'extraction des jus de la betterave. Elle s'applique avantageusement au travail des marcs de raisins, et à sécher les marcs des féculeries de pommes de terre, à presser les résidus des distilleries de grains, etc.

§ X. — Devis approximatif du matériel d'une distillerie travaillant par jour 40,000 kilog. de betteraves par les presses continues.

1° Force motrice :

Deux générateurs de vapeur de 30 chevaux chacun, pesant ensemble :

Tôle, 15,000 kilog. à 65 fr. . . . . . . Fr. 9.750		
Fonte, 4,800 — 45 . . . . 2.160	12.510	»
Accessoires, environ 600		

2° Moteurs :

Une machine à vapeur de 18 chevaux pour l'atelier d'extraction des jus.	6.000	»
Une machine de 5 chevaux pour actionner les pompes.	2.200	»

A reporter. . . . . Fr.   20.710   »

Report. . . . Fr.   20.710   »

3° Extraction des jus :

Un laveur épierreur . . . . Fr.	1.620	
Une râpe centrifuge avec tambour de rechange.	2.300	
Un bac à pulpes, en fonte	200	
Deux presses continues.	8.000	18.670 »
Un bac à eau acidulée.	100	
Deux tamiseurs de pulpes folles.	750	
Deux pompes à pulpes.	3.000	
Transmissions consistant en arbres, chaises, engrenages, poulies, environ	2.700	

4° Pompes :

Une pompe à eau . . . .
Une pompe à jus fermentés. . . . .   2.500   »
Deux pompes alimentaires . . . .

5° Distillation des jus :

Une colonne distillatoire en fonte de fer, avec satellites
en cuivre . . . .   9.050   »

6° Rectification des alcools :

Un rectificateur n° 3, avec chaudière en tôle . . . . .   9.600   »

7° Réservoirs en tôle :

Un de 100 hectolitres pour les alcools bruts ;
Un de 50   —   pour les alcools rectifiés ;
Un de 25   —   pour l'eau froide ;
Un de 25   —   pour l'eau chaude ;
Poids ensemble, environ 4,000 kil. à 65 fr. . . . . .   2.600   »

8° Fermentation :

Six cuves en bois de 140 hectolitres chacune, environ   2.520   »

9° Tuyauterie et robinetterie :

Variant suivant les locaux de l'usine. . . . .   3.500   »

Matériel complet, environ . . . . Fr.   69.600   »

§ XI. — Rendement alcoolique des betteraves et prix de revient d'un hectolitre d'alcool.

En *Autriche*, les moyennes de rendement des usines installées par notre maison ont été, jusqu'ici, de 6 0/0 d'alcool fin à 90 degrés, en raison de la qualité spéciale des betteraves qu'on y cultive.

En France, ce rendement diffère beaucoup suivant les contrées : *avec une bonne qualité de betteraves* obtenue par une culture bien entendue, on obtient généralement un hectolitre d'alcool avec 2,000 kilog. de betteraves, — soit un rendement de 5 0/0 d'alcool à 90 degrés.

La betterave fournit en outre : pour la nourriture du bétail, si l'on agit par la macération, à la vinasse, de 50 à 65 0/0 de cossettes humides; ou 30 0/0 de pulpes sèches si l'on opère par les presses continues.

Voici un compte de fabrication, indiquant le prix de revient de cent litres d'alcool rectifié, pour une usine agricole travaillant par jour 25,000 kilog. de betteraves.

1° Betteraves, 2,000 kilog. à 18 francs . . . . Fr.	36 »
2° Charbon, 120 kilog. à 30 francs la tonne	3 60
3° Acide, 6 kilog. à 16 francs	» 96
4° Main-d'œuvre.	3 »
5° Frais divers, intérêts et amortissements.	5 60
	49 16
Dont il faut déduire 1,000 kilog. de pulpes	10 »
Les 100 litres d'alcool fin reviennent à	39 16
Le logement en pipes en bois coûte	4 54
Prix de l'hectolitre d'alcool . Fr.	43 70

Ce prix de revient est souvent inférieur à 43 fr. 70 c.. Il varie suivant la richesse de la betterave, et suivant le nombre de jours de travail.

§ XII. — Cours moyen des alcools depuis 20 ans à Paris.

Nous avons réuni, dans le tableau synoptique suivant, les prix moyens de l'esprit fin de première qualité à 90 degrés, à la Bourse de Paris, depuis vingt ans. Ce document est fort intéressant, car il montre les taux élevés auxquels peuvent atteindre les alcools, et il prouve aussi que les bas prix ne sont que temporaires et qu'ils n'ont jamais cessé d'être rémunérateurs pour le producteur. Ainsi donc, le travail du distillateur bien monté est toujours productif, et, bien souvent, il donne des profits considérables.

TABLEAU COMPARATIF DES COURS MOYENS DE CHAQUE MOIS DE L'ESPRIT FIN, 1re QUALITÉ 90° A LA BOURSE DE PARIS, DEPUIS 20 ANS.

ANNÉES	JANVIER	FÉVRIER	MARS	AVRIL	MAI	JUIN	JUILLET	AOUT	SEPTEMBRE	OCTOBRE	NOVEMBRE	DÉCEMBRE	MOYENNE
1852	61 75	73 20	71 50	71 55	78 85	76 30	91 70	96 35	91 65	108 55	123 55	122 40	88 95
1853	119 05	116 30	107 70	108 15	99 50	97 25	119 90	128 70	171 35	162 50	171 20	186 80	132 36
1854	180 20	159 60	142 45	134 75	135 06	167 84	178 67	186 10	175 42	171 30	167 88	158 84	163 18
1855	132 21	129 33	131 66	129 54	128 88	127 11	124 37	127 84	121 20	113 85	109 64	110 90	123 88
1856	107 65	101 85	97 45	108 »	108 65	119 75	143 90	148 65	129 60	135 70	139 75	136 85	123 15
1857	126 70	121 70	122 70	123 25	119 50	111 75	114 85	108 45	105 85	107 95	78 18	73 07	109 49
1858	63 86	60 25	58 76	53 42	55 07	53 70	54 59	51 60	49 78	59 68	65 54	56 40	
1859	67 90	69 13	67 90	67 60	83 67	93 68	86 04	85 56	94 81	105 84	103 36	92 87	84 86
1860	88 10	92 80	111 11	105 72	107 12	105 08	94 42	99 11	104 18	103 40	98 34	96 78	100 68
1861	103 57	101 47	101 55	104 67	101 79	93 66	88 85	87 27	89 70	87 16	78 80	71 16	92 47
1862	75 19	75 60	74 31	75 63	66 63	68 52	73 50	79 22	82 21	74 83	67 57	62 73	72 99
1863	66 55	63 83	63 71	63 30	64 78	64 48	66 51	80 44	73 09	70 12	73 50	80 07	69 20
1864	81 54	74 96	73 82	73 38	75 12	69 01	62 95	68 85	76 95	70 68	61 17	62 55	70 91
1865	60 74	52 84	52 61	52 58	53 41	55 82	56 59	51 12	48 97	49 37	44 81	43 40	51 85
1866	43 16	44 71	47 90	51 38	53 48	53 71	56 01	47 95	60 68	60 03	60 37	60 34	53 30
1867	62 87	60 56	59 63	63 55	59 65	59 19	64 67	65 42	67 19	67 31	61 40	63 97	62 95
1868	64 54	70 04	79 46	85 14	86 17	82 90	72 05	72 32	74 09	73 06	74 06	73 85	75 55
1869	71 10	60 07	68 26	68 20	67 30	62 08	62 97	63 94	64 52	64 80	54 91	55 06	64 77
1870	54 73	57 74	61 88	61 95	65 06	70 30	64 90	60 40	50 97	60 36	66 92	76 85	62 67
1871	109 50	109 90	80 70	83 50	81 82	80 47	67 13	56 25	58 53	54 53	56 84	»	77 05
Moyen	87 04	85 21	84 20	84 26	83 40	85 70	87 28	88 43	89 63	89 50	87 84	89 15	86 53

Le prix moyen des 20 années est de 86 fr. 53 c.

Il résulte de ce document que, durant vingt ans (de 1852 à 1871), le prix moyen de l'hectolitre d'alcool a été de 86 fr. 53 c.; de 1852 à 1857, les cours ont atteint des taux très-élevés, qui ont failli toucher, en août 1854, à 200 francs. En 1858 et en 1859,

les prix ont subitement baissé dans une proportion très-forte ; ils
se sont raffermis en 1860 et 1861, pour revenir, dans les années
suivantes, à des chiffres moins élevés, mais toujours très-rémuné-
rateurs pour le producteur.

De toutes nos industries, celle des alcools est la plus florissante, car elle a toujours su résister aux désastres politiques ou
économiques qui ont tant d'influence, malheureusement, sur la
plupart de nos fabriques indigènes. De toutes les industries aussi,
c'est elle qui peut le plus pour la prospérité agricole de la France.
Elle n'épuise point les terres, car elle leur rend des engrais abondants, et sa générosité est extrême, puisqu'elle donne encore un
produit dont l'industrie et la consommation humaine ne peuvent
pas se passer.

§ XIII. — Production, conservation et emploi de la levûre de betterave.

Nous avons, il y a quelque temps, breveté un système qui,
lorsqu'il sera appliqué généralement, viendra encore augmenter
les produits des distilleries de betteraves. Ce procédé consiste à
extraire des fermentations de betteraves une partie de la levûre
qu'elles contiennent en excès, à la conserver par une nouvelle
méthode et à l'utiliser en la vendant aux distilleries de mélasses.
Nous avons extrait et conservé de la levûre de betteraves pendant
des mois entiers, et nous l'avons ensuite employée à fermenter
des mélasses ; cette levûre nous a donné des fermentations excel-
lentes et supérieures à celles obtenues par l'emploi de la levûre
de bière.

Un des points essentiels pour obtenir la levûre de betteraves
est de fermenter à basse température, c'est-à-dire d'envoyer les jus
de betteraves à la fermentation de 18 à 20 degrés centigrades.
Pour l'extraire, on prend (au moyen d'une installation spéciale
que nous indiquerons à nos clients) la partie supérieure des cuves;
avant l'achèvement final de la fermentation, ce liquide est passé
dans un appareil de filtration qui retient la levûre et laisse re-

tourner à la cuve le jus fermenté pour être distillé. La levûre est ensuite lavée, on y ajoute la proportion d'un produit que nous indiquons pour sa conservation ; puis, elle est enfin envoyée à la distillerie de mélasse, qui l'utilise immédiatement ou qui la conserve jusqu'au moment où elle en a besoin.

Des quantités considérables de levûre sont perdues par les marchands de levûre et par les distillateurs, qui la reçoivent et ne peuvent souvent pas l'employer à son arrivée. Toutes ces pertes seront évitées par les personnes qui voudront bien s'entendre avec nous, pour appliquer notre nouveau procédé de conservation, applicable aux levûres de toutes provenances.

§ XIV. — Nomenclature des distilleries de betteraves les plus importantes montées en France par la maison Savalle.

NOMS DES INDUSTRIELS	DEMEURES	DÉPARTEMENTS	PRODUCTION JOURNALIÈRE D'ALCOOL		RENSEIGNEMENTS
			BRUT	RECTIFIÉ	
FRANCE					
Aussière....	Créteil	Seine....		3.000	
Bourdon..................	Remy..........	Oise		8.000	
Boulanger..................	Saleschez.......	Nord....		2.500	
Abel-Bresson............	Fougerolles.....	H.-Saône.		3.600	
Auguste André	Brissay Choigny.	Aisne....		2.000	
Belin....................	Brie Comte-Robt.	Seine-et-Marne.		8.000	Décoré chevalier de la Légion d'honneur. Seule médaille accordée pour les alcools en France à l'Exposition universelle de 1867.
Le même, 2e appareil........	—	—		3.600	
Bigo-Tilloy et fils............	Lille..........	Nord.....		3.600	
Les mêmes, 2e appareil	—	—		3.600	
— 3e appareil	—	—		3.600	
— 4e appareil, colonne distillatoire pour les grains	—	—	9.000		
— 5e appareil, colonne distillatoire pour les betteraves	—	—	9.000		
Birault..............	L'Isle..........	D.-Sèvres.		2.400	
Boillon et Blondeau. .... (Abel-Bresson, successeur)	Dijon	Côte-d'Or.		7.200	
Boyer frères..........	Aurioles.......	B.-du-Rh.	3.000	3.000	
Les mêmes, 2e appareil	—	—			
Braconnier..............	Chavagné	D.-Sèvres.		2.500	
Brangier..................	Aux Étrées....	D.-Sèvres.		2.500	
Caille	Chaintereaux ...	Seine-et-Marne		7.000	
Christmann,Shulinger et Schultz	Colmar.........	H.-Rhin..		1.000	
A reporter.......			21.000	69.100	

NOMS DES INDUSTRIELS	DEMEURES	DÉPARTEMENTS	PRODUCTION JOURNALIÈRE D'ALCOOL		RENSEIGNEMENTS
			BRUT	RECTIFIÉ	
Report......			21.000	69.100	
atriot-Wallet............	Trémonvillers...	Oise		1.500	
même, 2ᵉ appareil, colonne distillatoire............	—	—	2.500		
né Collette............	Aux Moëres fran-				La plus puissante distillerie de betteraves en France.
2ᵉ appareil, colonne en fonte rectangulaire...........	çaises........	Nord....		12.000	
	—	—	12.000		
3ᵉ appareil, rectificateur pour repasser les mauvais goûts	—	—		2.000	
Collette............	Seclin...... ...	Nord....		5.000	
Decauville...........	Pt- Bourg, près Evry........	S.-et-Oise		8.000	
ix Dehaynin.............	Aux Corbins,près Lagny	Seine-et-Marne		3.600	Chevalier de la Légion d'honneur. Négociant, 58, rue d'Hauteville, à Paris.
même, 2ᵉ appareil, colonne distillatoire pour 80,000 kilogrammes de betteraves par jour............	—	—	4.000		
Denis et Cᵢᵉ............	Saint-Denis.....	Seine		8.000	
rand................	Ivry-le-Temple..	Oise		2.500	Maire de la commune de Bornel.
même, 2ᵉ appareil........	Bornel........	—		2.500	
Ernault............	Denizy........	S.-et-Oise.		1.000	
tin et Ghestem...........	Deulemont, p. Quesnoy-sur-Deule........	Nord... .		5.000	
rnier, Laveaux, Bailly et éon Petit............	Choconin , près Meaux	Seine-et-Marne		3.600	M. Fournier, chevalier de la Légion d'honneur, maire de la ville de Meaux, membre du Conseil général du département.
Société de Ferrière-la-Grande	Près Maubeuge .	Nord.....		2.500	
aaux et Cᵢᵉ............ .	Tournes	Ardennes.		3.500	
let fils et Cᵢᵉ............	Angoulême.....	Charente.		2.500	
ssez et Cousin...........	Persan........	Oise		6.000	
mêmes, 2ᵉ appareil	—	—		6.000	
A reporter......			39.500	141.300	

NOMS DES INDUSTRIELS	DEMEURES	DÉPARTEMENTS	PRODUCTION JOURNALIÈRE D'ALCOOL		RENSEIGNEMENTS
			BRUT	RECTIFIÉ	
Report.......			39.300	144.300	
Th. Gontard	Courthézou.....	Vaucluse.		2.500	
Le même, 2e appareil........	—	—		2.500	
Houel	Avoise près d'A-lençon........	Orne.....	3.000	3.000	Ingénieur en chef, administrateur de la Compagnie Fivos-Lille.
Colonne distillatoire......	—				
Journeil.................	Melun	Seine-et-Marne		2.400	
A. Kruger et Cie......	Échiré, par Niort.	D.-Sèvres.		3.000	
2e appareil, colonne rectangulaire en fonte	—	—	3.000		
Lemarque.................	Juilles	Gers.....		500	
Lamblin	Marquettes p. Lille...	—		5.000	
Auguste Lanthiez..........	Noreuil........	Pas-de-C..		4.000	
2e appareil	—	—	4.000		
Leduc...................	Frocourt	Oise	1.000		
Legrand.................	Sassy, par Jort.	Calvados.		1.500	
Le même, 2e appareil.... ..	—	—	1.500	2.500	
— 3e appareil........	—	—			
Legrand.................	Paris	Seine....		2.500	
Le même, 2e appareil.........	—	—		3.600	
— 3e appareil........	—	—		9.000	
Le Coq..................	Mans..........	Sarthe....		2.500	
Lefebvre.................	Radinghem.....	Nord.....		5.000	
Lemaître	Baquepuis......	Eure.....	1.000	1.000	
Le même, 2e appareil........	—	—			
Émile Leroy...............	Mesnil-St-Firmin	Oise		2.500	
Lejeune	La Brosse......	Indre	3.600	3.600	
Le même, colonne distillatoire.	—	—			
Lignières	Villeneuve - lez - Chanoines....	Aude		1.000	
Le même, 2e appareil	—	—		2.500	
A reporter.......			56.600	204.400	

NOMS DES INDUSTRIELS	DEMEURES	DÉPARTEMENTS	PRODUCTION JOURNALIÈRE D'ALCOOL		RENSEIGNEMENTS
			BRUT	RECTIFIÉ	
Report......			56.600	204.400	
gnant......	Alfort.........	Seine....		5.000	
2e appareil..............	—	—		8.000	
Marchandise.............	Frégicourt......	Oise.....		3.000	
même, 2e appareil........	—	—	3.600		
rin-Darbel...	Arton.........	Indre....		3.000	
même, colonne distillatoire.	—	—	3.600		
Menû et Cie.............	Carvin........	Nord....		4.000	
chaux (Jules)...........	Bonnières	S.-et-Oise.		3.600	Lauréat de la prime d'hon-
même, 2e appareil........	—	—		3.600	neur du concours régional
— 3e appareil	—	—		3.600	de Versailles en 1865.
— 4e appareil........	—	—		7.000	
gnot et Cie.............	Saint-Mandé....	Seine....		3.600	
llot-Pilloy...	Clary.........	Nord.....		2.500	
même, colonne distillatoire.	—	—	2.500		
rlandet.................	Saint-Léger	Loire		1.000	
même..................	—	—	1.000		
ttavant.................	Xiroux.........	Vosges ...		1.000	
tot fils et Racine..........	Meaux........	Seine-et-Marne		2.400	Distillateurs liquoristes et
2e appareil..............	—	—		3.600	rectificateurs d'alcools.
rmand.................	Vaulvrancourt..	Pas-de-C.		2.500	
2e appareil, colonne rectan-					
gulaire en fonte........	—	—	2.500		
squesoone, Taffin et Cie	La Gorgue......	Nord		4.000	
s *mêmes*, 2e rectificateur...	—	—		3.000	
rdrizet	Soissons.	Aisne....		5.000	
(Blanjot, successeur).......					
même, 2e appareil........	—	—		5.000	
fred Pennelier...	La Neuville-Roy.	Oise		3.600	
Colonne rectangulaire	—	—	3.600		
thur Pouillet.............	Niort.........	D.-Sèvres.		2.500	
lentin....	Croix-de-Berny..	Seine....		8.000	Cette usine vient d'être ven-
même, 2e appareil.......	—	—		8.000	due à M. Ch. Belin fils.
A reporter......			73.400	300.900	

NOMS DES INDUSTRIELS	DEMEURES	DÉPARTEMENTS	PRODUCTION JOURNALIÈRE D'ALCOOL		RENSEIGNEMENTS
			BRUT	RECTIFIÉ	
Report.......			73.400	300.900	
Rivière..................	Pecqueux	Seine-et-Marne		5.000	Distillerie de la Faisandere
Rivière et Cie...............	Argenteuil......	Seine....		7.000	
Rommel frères	Lille.........	Nord		3.600	Négociants en 3/6 à Lille
Le même, 2e appareil........	—	—		5.000	
Roy.........	Tonnerre.......	Yonne ...		3.600	
H. Sailland	Angers........	M.-et-Loir.		1.500	
A. Savalle................	Saint-Denis.....	Seine....		3.600	Ancienne usine. de l'inve
Le même, 2e appareil........	—	—		8.000	teur.
Triboulet........	Assainvilliers ...	Somme ..		3.300	Lauréat de la prime d'h
2e appareil, colonne distilla-toire rectangulaire en fonte.	—	—	2 500		neur.
Thiry frères	Nancy....... ..		—	100	
Turin....................	Château de Corouz....	Cher.....		3.000	
2e appareil, colonne en fonte.	—	—	3.000		
Vauvillé.................	Toutifaut, près Is-soudun.......	Indre	1.000		
Violet...................	Aubigny	Seine-et-Marne		3.600	
Ed. Vouters.......	Halluin	Nord		4 000	
Georges Woussen	Armentières :....	Nord		6.500	
2e appareil, colonne distil-latoire................	—	—	5.000		
TOTAL			84.900	358.700	*litres d'alcool de bette*

raves pouvant être produits par jour en France par les appareils SAVALLE

§ XV. — Nomenclature des distilleries de betteraves les plus importantes montées à l'étranger par la maison Savalle.

NOMS DES INDUSTRIELS	DEMEURES	DÉPARTEMENTS	PRODUCTION JOURNALIÈRE D'ALCOOL BRUT	RECTIFIÉ	RENSEIGNEMENTS
Report.......			84.900	358.700	
ALLEMAGNE					
A. Tachard	Niedermorschwiller par Dornach	H^{te}-Alsace		2.000	
ANGLETERRE					
Robert-Campbell.............	Château à Buscot-Park..	Berkshire...		10.000	Première distillerie de betteraves montée en Angleterre.
2e rectificateur...........	—	—		12.500	
3e id.	—	—		3.000	
Deux colonnes distillatoires.	—	—	12.000		
AUTRICHE					
Camille de Laminet.........	Gattendorf......	Silésie...			
Le même, 2e appareil colonne distillatoire..	—	—	1.500	1.500	
Latzel....................	Barzdorff	—		4.000	
Le même, 2e appareil.......	—	—	4.000		
J. Latzel et Cie..	Pawlowitz......	Moravie..		2.500	Distillerie de betteraves.
Les mêmes, 2e appareil	—	—	2.500		
Alexandre de Schœller et Carl Leidenfrost	Leva...........	Hongrie..		2.000	Fermiers des domaines du prince Esterhazy. Annuellement 10,000 moutons et 1,000 têtes de gros bétail sont engraissés dans ce domaine.
Les mêmes, 2e appareil......	—	—	2.000		
Les Mêmes. Pour une seconde usine...................	Gêne..........	—		2.800	
4e appareil............ .	—	—	2.800		
Karl Kammel et Cie.........	Grusbach.......	Moravie ..		2.400	Distillerie agricole de betteraves.
Les mêmes, 2e appareil, colonne distillatoire.............	—	—	2.400		
A reporter.......			112.100	401.400	

NOMS DES INDUSTRIELS	DEMEURES	DÉPARTEMENTS	PRODUCTION JOURNALIÈRE D'ALCOOL		RENSEIGNEMENTS
			BRUT	RECTIFIÉ	
Report......			112.100	401.400	
Schultz et Pollak............	Grusbach.......	Hongrie..		3.000	Distillerie de betteraves.
Les mêmes, 2e appareil, colonne distillatoire..............	Falkas-Dovorany	—	3.000		
Ed. Siegl et Cie............	Szolcsan	—		2.500	
BELGIQUE					
Auguste Dumont............	Chassart	Brabant..		3.600	
Carbonnelle Nérinckx frères...	Tournai........	Hainaut..		4.000	Mention honorable pour ses alcools. Exposition univer- selle de 1867.
Les mêmes, 2e appareil	—	—	4.000		
Félix Witouck..............	Leeuw-St-Pierre, p. Bruxelles ..	Brabant..		4.500	
—	—	—		3.600	
—	—	—	4.000		
ITALIE					
Ch. Abegg	Savigliano.....			1.500	
2e appareil.......			1.500		
LUXEMBOURG (GRAND-DUCHÉ)					
La Société des distilleries du Grand-Duché	Roodt.........			3.600	Usine modèle par son instal- lation et sa position dans la gare du chemin de fer.
2e appareil, colonne distil- latoire rectangulaire en cuivre	—		3.600		
TOTAL......			128.200	427.700	*litres d'alcool de bette-*

raves pouvant être fabriqués par jour par les appareils SAVALLE.

CHAPITRE TROISIEME

§ Ier. — Distillation des grains et des pommes de terre par le malt

La distillation des grains par le malt offre de précieuses ressources à l'agriculture ; elle procure en été des résidus excellents pour le bétail, qui remplacent à bon compte les fourrages souvent chers et rares à cause de la sécheresse. Les vaches laitières alimentées par ces drèches fournissent une grande quantité de lait, et celui-ci est excellent.

Les distilleries de grains sont une des grandes causes de la richesse agricole de la Hollande et de la Belgique. A Schiedam, à Delfshaven et à Rotterdam, il existe, dans un périmètre de six lieues carrées, environ quatre cent cinquante distilléries de grains. — Elles produisent, d'une part, des alcools et des genièvres qui sont exportés dans le monde entier. D'autre part, elle fournissent des drèches qui servent chaque année à l'engrais de plus de cent mille bœufs.

En Belgique, les distilleries de grains sont moins nombreuses, mais elles ont une importance plus grande. Chez notre client, M. Wittouck, à Leeuw-Saint-Pierre, près Bruxelles, on voit des étables contenant cinq cents têtes de gros bétail. Tout le territoire de Hasselt, qui n'offrait il y a quelques années que des bruyères, s'est transformé en bonnes terres, grâce au résidu fourni par les nombreuses distilleries de grains qu'on y a montées.

L'agriculture de l'Allemagne du Nord tire son plus grand produit des distilleries de pommes de terre. Le sol y est généralement sablonneux et se prête exclusivement à cette culture ; aussi chaque ferme a-t-elle sa distillerie, qui produit de l'alcool et des résidus abondants pour l'engraissement du bétail.

La distillation des grains, ou celle des pommes de terre, est donc une excellente opération dans les contrées où il y a impossibilité de cultiver la betterave ; en la pratiquant on apporte à la ferme :

1° *Le bénéfice résultant de la production de l'alcool ;*

2° *Des résidus excellents, qui produisent de la viande et des laitages :*

3° *Une quantité considérable d'engrais empruntés à la terre qui a fourni le grain.*

La distillation des grains est une opération agricole très-productive, lorsqu'elle se pratique avec une usine bien montée et avec de bons appareils.

Nous donnons, figures 24, 25 et 26, le plan d'une usine spécialement installée en vue de la distillation des grains par le malt ; la distillation des pommes de terre exige à peu près le même matériel.

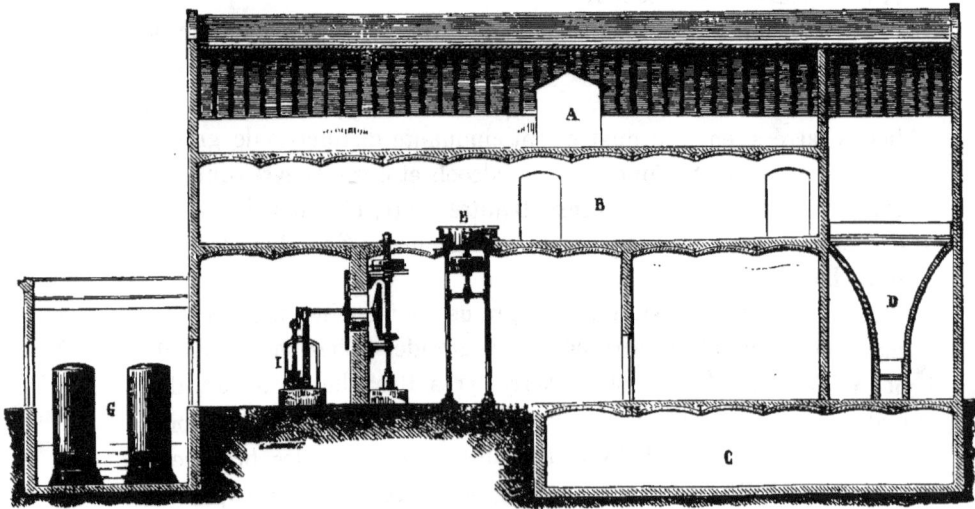

Fig. 26. — Vue en élévation d'une distillerie de grains.

Voici la légende explicative de la vue en élévation :

A. — Le grenier à grains.

B. — Le grenier à farines.

C. — Cave où se fait le malt.

D. — Touraille pour sécher le malt.

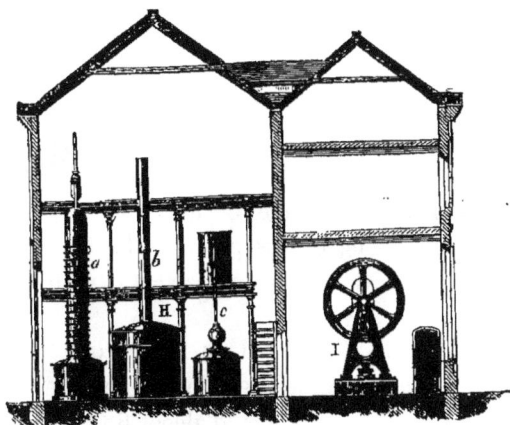

Fig. 27. — Local des appareils et de la machine à vapeur.

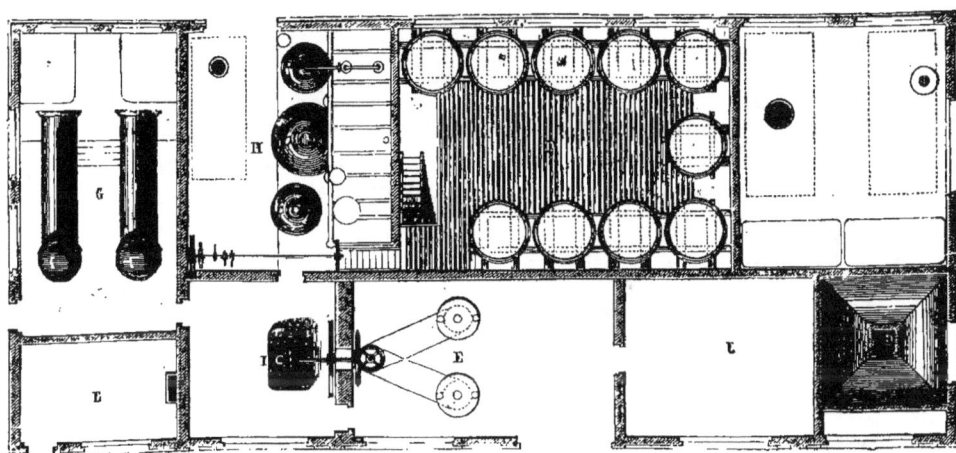

Fig. 28. — Vue en plan d'une distillerie de grains.

Dans la vue en plan nous trouvons les détails suivants :

E. — Les deux paires de meules pour moudre les grains.

F. — Le local de fermentation contenant dix cuves en bois.

G. — Les générateurs :

H. — Local des pompes et des appareils de distillation, de production, de genièvre et de rectification.

I. — Machine à vapeur.
J. — Tonnellerie.
K. — Magasin à alcool.
L. — Bureau de la distillerie.

Pour distiller les pommes de terre, on ajoute à ce matériel un laveur, deux tonneaux en tôle, où les pommes de terre se cuisent à la vapeur, et deux paires de cylindres broyeurs, pour les réduire en bouillie.

Les distilleries de grains du nord de la France qui se servent de nos appareils, obtiennent d'un mélange de 80 kilog. de seigle et de 20 kilog. de malt, de 30 à 32 litres d'alcool fin rectifié (base de 90 degrés).

Les pommes de terre donnent de 8 à 10 0/0 d'alcool pur, suivant leur qualité.

§ II. — Devis approximatif du matériel d'une distillerie opérant par le malt et travaillant par jour 6,000 kilog. de maïs, de seigle, d'orge ou d'autres grains.

1° Force motrice :

Deux générateurs de vapeur de la force de 35 chevaux
   chacun . . . .

Tôle, 17,400 kilog. à 65 fr. les 100 kilog. Fr.	11.310		
Fonte, 5,600 — 45 fr. —	2.520	14 430	»
Accessoires, environ	600		

2° Moteur :
Machine à vapeur de la force de 15 chevaux . . . . .   5.500   »

3° Moulin :
A trois paires de meules . . . .   12.000   »

4° Distillation et rectification :
Une colonne distillatoire en fonte et satellites en cuivre. 10.500   »
Un appareil de rectification des alcools, à chaudière en
   tôle. . . . .   9.600   »

A reporter. . . . Fr. 52.030   »

Report. . . . Fr. 52.030 »

5° Pompes :

Une pompe à vin ou jus fermenté, en bronze . . . .)
Une pompe en fonte pour l'eau froide . . . . . . }
Deux pompes alimentaires. . . . . }   4.500 »
Une pompe à drèches . . . .)

6° Macération :

Un macérateur mécanique . . . .   5.200 »
Un ventilateur.   800 »

7° Fermentation :

Douze cuves en bois, contenant chacune 110 hectol. . .   5.600 »

8° Réservoirs en tôle :

Un pour les acools bruts. . .)
Un pour les alcools bon goût. }
Un à eau froide . . . . . . } environ 6,000 kilog. à }   3.900 »
Un à jus fermenté . . . . . } 65 francs les 100 kilog. }
Un à eau chaude. . . . . . (

9° Robinetterie et tuyauterie :

Des générateurs, des appareils, de la cuverie environ
1,000 kilog. . . . .   5.000 »

10° Transmission de force :

Environ 3,000 kilog. à 90 francs . . . .   2.700 »

Total approximatif. . . . Fr. 79.700 »

N. B. — Si l'on n'opérait pas dans l'usine la mouture des grains, il y aurait à déduire de ce prix : les moulins, 10 chevaux de force du générateur et huit de machine, ensemble, environ. . . . . . 15.000 fr.

§ III. — Les distilleries de grains de Schiedam.

La Hollande pratique depuis des siècles la distillation des grains, et cette industrie agricole lui a fourni les plus beaux résultats. Mais aujourd'hui plus de 400 distilleries sont menacées dans leur existence, par l'indifférence où sont restés aux progrès accomplis en distillation les propriétaires successifs de ces usines. A

Schiedam, il n'y a en ce moment qu'une seule distillerie de grains qui marche dans de bonnes conditions, c'est celle qu'a installée en 1873 notre client M. J.-J. Melchers Wz qui frappé de l'énorme dépense de combustible qu'exige l'ancien système de distillation à feu nu employé généralement à Schiedam, a installé son usine à la vapeur et opère la distillation de ses grains fermentés par une de nos nouvelles colonnes distillatoires rectangulaires n° 12.

L'ancien système de distillation de Schiedam dépense 60 hectolitres (*120 mût*) de charbon par 2,800 litres de flegmes (*montwyn*) à 46° centésimaux, ce qui correspond à 420 kilog. de houille par hectolitre d'alcool à 100°; non compris la mouture qui, à Schiedam se fait, de par la loi, en dehors de l'usine,

En France, les distilleries de grains montées par nos appareils dépensent dans les mêmes conditions, par hectolitre d'alcool brut ramené à 100°,185 kilog. de houille seulement. L'économie de combustible à réaliser dans les distilleries de Schiedam est donc d'environ 55 pour 100.

M. Melchers a aussi réalisé dans sa nouvelle installation une grande réduction sur le prix de la main-d'œuvre, quand on considère que, dans les autres distilleries, toutes les pompes fonctionnent à bras d'homme.

A Schiedam, on emploie généralement de petites cuves de fermentation, parce qu'elles y servent aussi à faire la saccharification; elles sont de 2,200 litres. On y charge 190 kilog. de grains, composés d'environ moitié seigle et moitié malt. Chaque cuve produit :

1° — Environ 115 litres de flegmes à 46°, soit un rendement de 27 9/10 litres d'alcool pur, par 100 kilog. de grains mis en fabrication.

2° — 16 hectolitres de drèches pour la nourriture du bétail, qui se vendent 60 centimes l'hectolitre;

3° — 23 kilog. de levûre qui se vendent à l'exportation environ 1 fr. 60 le kilog.

Ces rendements ont fait, jusqu'ici, la fortune des distilleries hollandaises, et ces résultats auraient pu se continuer longtemps encore si la concurrence n'était venue porter sur le marché anglais des quantités considérables de levûres produites dans les usines bien montées en Allemagne et en France. La concurrence qui abaisse le prix de la levûre, obligera nécessairement les Hollandais à sortir de la routine et à perfectionner leur travail, sous peine de voir tomber chez eux une industrie agricole de la plus grande importance.

L'exemple leur est donné, il est facile à suivre : ils doivent, pour arriver à bien, concentrer le travail si éparpillé de leurs distilleries, opérer en grand, à la vapeur, et distiller les fermentations par une colonne continue qui leur fournisse d'une seule opération de l'alcool brut (moutwyn) à 50°, au lieu de l'obtenir en trois opérations à feu nu comme cela se pratique aujourd'hui.

§ IV. — La grande distillerie de grains avec production de levûre de Maisons-Alfort.

Un riche banquier autrichien, M. le baron Max-Springer, de Vienne, propriétaire d'une grande distillerie de grains à Reindorf, avait, il y a quelques années, fait expédier de Vienne à Paris de la levûre pour la boulangerie parisienne. Cette levûre se vendit très-bien, mais le coût du transport et sa durée rendirent cette opération peu fructueuse, même impraticable.

M. le baron Springer, qui a une grande sympathie pour la France, et surtout pour Paris, où il a une partie de sa famille et où il séjourne six mois de l'année; résolut de créer à Paris une grande distillerie de grains pour produire sur place cette levûre que les Parisiens faisaient jusque-là venir de la Hollande.

Pour mettre son projet à exécution, il s'adressa à nous, et nous envoya sur place son associé, M. Berger, homme pratique et laborieux qui a dirigé pendant de longues années l'usine de Reindorf près Vienne.

Tous les environs de Paris furent explorés, pour choisir un emplacement convenable à ce nouvel établissement qui exigeait une belle situation, de l'eau limpide et un air pur.

Après bien des démarches on trouva enfin, en vente à Maisons-

Alfort, un ancien château qui date de Henri IV; son parc et ses dépendances représentent 18 hectares, surface bien trop considérable, mais qui fut acquise en vue d'agrandissements ultérieurs.

L'ancien château fut d'abord réparé, on y installa les bureaux provisoires et les dessinateurs. — Aujourd'hui, il est converti en une belle habitation pour l'administrateur de l'usine.

L'érection des bâtiments de la distillerie a été confiée à un architecte de la ville de Paris, M. Lavezzari, chevalier de la Légion d'honneur. Ces bâtiments couvrent cinq mille mètres carrés de constructions; ils sont en fer, briques de Bourgogne et meulière.

M. Lavezzari a prouvé une fois de plus, par ce travail, qu'il est aussi habile ingénieur qu'architecte consommé.

Le plan général de l'usine a été combiné par M. Berger et par M. Schedl, ingénieur autrichien. Nous nous sommes contentés de donner les plans des locaux des générateurs, des machines et de nos appareils; le surplus de l'ensemble de l'usine se rattachant au procédé de fabrication de la levûre autrichienne sortait de notre compétence.

Nous avons installé à Maisons-Alfort une colonne rectangulaire n° 11 pour la distillation des grains en matière très-pâteuse, un rectificateur n° 7 à chaudière en cuivre et un rectificateur n° 3. Nous construisons en ce moment pour ces Messieurs une seconde colonne distillatoire.

L'usine, dont le travail sera prochainement doublé, fournit chaque jour 2,250 kilogrammes de levûre, et 7,000 litres d'alcool fin d'une qualité très-supérieure, qui se vend à 15 francs de prime sur le cours de la Bourse de Paris.

L'usine fournit, en outre, des drèches (résidus de distillation), pour suffire à la nourriture et à l'engraissement de 1,700 têtes de gros bétail; ces drèches sont en partie vendues aux nourrisseurs des environs; et le surplus est consommé sur place, dans les étables annexées à l'exploitation.

Malgré les cours momentanément avilis de l'alcool, cette usine donne d'excellents résultats; et le nom du baron Max-Springer reste attaché à l'importation en France d'une des plus belles industries agricoles.

Fig. 29. — Vue à vol d'oiseau de la grande distillerie de grains de Maisons-Alfort, près Paris, établie pour M. le baron de Springer.

Au moment où nous écrivons ces lignes, nous apprenons que le Gouvernement vient de reconnaître le service important rendu par lui au pays, en le créant *officier de la Légion d'honneur*.

Nous applaudissons de grand cœur à cette récompense bien méritée.

CHAPITRE QUATRIÈME

DISTILLATION DES GRAINS, DES FÉCULES, DES RÉSIDUS DE FÉCULERIES ET DE MINOTERIES, DES CAROUBES, ETC., ETC., PAR LA SACCHARI- FICATION ACIDE.

§ I. — La saccharification par les acides.

La distillation des grains se trouve parfois entravée par l'im- possibilité où l'on est d'utiliser les résidus ou de les vendre pour la nourriture du bétail. Le mieux, dans ce cas, est de les travail- ler par la saccharification acide, et de vendre les résidus comme engrais; c'est ce qui se pratique dans plusieurs usines du nord de la France, — la distillation des grains dans ces établissements est un accessoire de la distillation des mélasses, — pour utiliser dans les fermentations de ces sirops les principes de ferments contenus dans les grains et les acides employés à la saccharifi- cation.

Certaines usines, à Rouen, travaillent spécialement les riz et les maïs par les acides, quoique par cette méthode les résidus aient une valeur bien moindre que ceux provenant du travail par le malt; il faut prendre en considération que l'opération est plus simple et exige bien moins de main-d'œuvre. En effet, les opé- rations de la trempe, du maltage, du touraillage se trouvent supprimées; les grains, au lieu d'être parfaitement réduits en fa- rine, peuvent être concassés seulement.

Ce travail par les acides convient donc parfaitement dans cer- tains cas, et nous le conseillons surtout quand il s'agit de saccharifier des matières dures, difficilement attaquables par le malt, telles que les riz, les maïs, les caroubes, les résidus de féculeries et ceux des minoteries.

§ II. — Description du travail par l'ancienne méthode à air libre.

La saccharification de grains par les acides est un travail assez simple, qui exige cependant certaines conditions essentielles pour arriver à un bon résultat :

1° Il faut d'abord employer des cuves de saccharification établies dans des conditions de durée toutes particulières et il faut que ces cuves soient solidement supportées par le fond. Sans cela, on s'expose à des accidents de rupture de ces cuves, et il en résulte toujours des brûlures graves, souvent mortelles pour les personnes qui se trouvent là, dans le moment où le sirop bouillant s'en échappe.

2° Il faut, ensuite, que le barboteur en plomb qui amène la vapeur de chauffage soit tourné en spirale sur le fond de la cuve, de manière à ne laisser qu'une distance d'environ 20 à 25 centimètres seulement entre les spires, et 15 centimètres seulement entre la spire extérieure et paroi de la cuve; que ce barboteur soit percé de trois rangs de trous, dont la somme d'ouverture représente environ le triple de sa section ; ces trous doivent être répartis en trois rangs, dont un sous le tube et les autres de chaque côté du tube; il va de soi que l'extrémité de ce barboteur est bouchée. Si l'on néglige ces précautions pour le barboteur, il en résulte que l'ébullition ne se fait pas d'une manière égale dans toute la cuve, et qu'une partie des grains tombe sur le fond et s'y fixe sans se saccharifier.

Quelques distilleries ont voulu parer à cet inconvénient en mettant dans la cuve un agitateur mû par la machine ; cette complication n'est pas utile, si le barboteur en plomb est posé dans la cuve, comme nous l'avons indiqué.

3° Il faut, avant de charger dans la cuve les maïs concassés, y mettre l'eau et l'acide (ou du moins les 2/3 de la quantité totale de l'acide à employer, qui est d'environ 10 kilog. d'acide muriatique ou 5 kilog. d'acide sulfurique par 100 kilog. de grains) ; il faut porter ce mélange d'eau et d'acide à l'ébullition et maintenir celle-ci par une vapeur soutenue, pendant tout le temps que dure le chargement de la cuve. Cette ébullition maintient le grain en suspension et empêche qu'il se précipite sur le fond de la cuve d'où on ne pourrait que difficilement le détacher.

On vérifie quelquefois pendant le chargement, au moyen d'un mouveron, pour s'assurer si rien ne se dépose dans la cuve ; si cela arrive, c'est que l'on a chargé les grains trop précipitamment ; on modère en ce cas, pendant quelques instants, l'alimentation des grains, jusqu'à ce que la partie précipitée se soit mélangée au liquide en ébullition.

4° On met environ une heure à opérer le chargement de la cuve ; ensuite on ajoute le surplus de l'acide, on maintient encore une bonne ébullition pendant une heure pour réduire complétement le grain en dextrine ; puis on modère la vapeur (tout en maintenant toujours l'ébullition) jusqu'à l'achèvement de la saccharification, qui varie suivant la nature des grains soumis au travail de 8 à 14 heures.

Pour savoir quand celle-ci est terminée, il y a plusieurs procédés de reconnaître la quantité de glucose (sucre incristallisable) produite.

On fera bien, à cet effet, de se procurer et de suivre les instructions données par deux petites brochures, qui indiquent très-succinctement les opérations à faire ; ces brochures sont les suivantes :

Celle de M. Charles Viollette ; elle a pour titre : *Dosage du sucre au moyen des liqueurs titrées.* Elle se vend à Lille, chez M. Quarré, libraire, Grande-Place. L'autre est de M. Émile Commerson ; elle se vend à Paris, 99, boulevard de Magenta, au bureau du *Journal des Fabricants de sucre.* Mais pour les personnes qui auraient du mal à se les procurer, nous indiquerons ici l'opération à l'alcool, qui peut aussi, dans certains cas, servir de guide.

5° Elle consiste à prendre de la cuve en ébullition une petite quantité de sirop ; à la filtrer sur du papier gris, et à la mélanger ensuite dans une éprouvette en verre, avec trois fois son volume d'alcool à fort degré.

Tant que dans le mélange se forme un précipité blanc nuageux, la saccharification est incomplète ; c'est la dextrine, qui est insoluble dans l'alcool, qui se précipite. Aussitôt que le mélange reste homogène, l'opération est terminée. On arrête alors la vapeur qui chauffe la cuve, et on en vide par parties le contenu dans la cuve à saturer.

6° Cette opération de la saturation consiste à enlever au sirop la quantité d'acide qu'il contient en excès, au moyen de carbonate de chaux (désigné, dans le commerce, blanc de Meudon ou blanc d'Espagne).

Ce blanc est préalablement broyé et passé au crible, pour être divisé et exempt de corps étrangers. On en met dans les sirops, de manière à laisser exister dans les fermentations environ six millièmes d'acide muriatique pour des jus riches de 4 à 5 degrés du densimètre. Si le blanc de Meudon est pur, bien lavé, il en faudra mettre à la saturation environ 3 kilog. 1/2 par 100 kilog. de maïs saccharifiés.

Dans le cas où l'on mélange les maïs saccharifiés avec des sirops de mélasses, l'opération de la saturation ne se fait plus, puisque l'excédant d'acide est employé par les mélasses. Cet acide remplit en ce cas un double but : d'abord il sert à saccharifier les maïs, puis il sert à fermenter les mélasses.

Les sirops résultant de la saccharification par l'acide sont, après leur saturation, refroidis et mélangés d'eau pour être ramenés à 20 degrés centigrades et 4 1/2 à 5 degrés de densité ; ils fermentent avec une grande facilité, parce qu'ils contiennent beaucoup de levûre. Aussi emploie-t-on dans ce travail la fermentation continue, sans autre levûre de bière que celle nécessitée par la mise en train de la première cuve.

§ III. — Description du travail par la nouvelle méthode rapide et économique sous pression.

La première méthode de préparer les grains à la distillation que nous venons d'expliquer est très-simple ; mais la dépense nécessitée par l'acide et par le combustible est importante et devait nécessairement fixer l'attention des praticiens, et les pousser à chercher à obtenir un résultat plus économique.

M. Colani, ancien professeur à l'Académie de Strasbourg, et M. Kruger, distillateur à Niort, sont les premiers arrivés à un perfectionnement réel et pratique de cette ancienne méthode de saccharification.

Leur procédé consiste à opérer sous pression, dans un cylindre en cuivre, et à déterminer d'une manière exacte *le nombre de calories nécessaires à la saccharification de chaque substance, en opérant à une pression de vapeur donnée et dans un laps de temps déterminé.*

Ils sont ainsi arrivés *à fixer le milieu de pression le plus favorable* au traitement de chaque espèce différente de grains et d'autres matières. Lorsqu'on dépasse ce milieu de pression, et par conséquent de chaleur, on produit la transformation du glucose en acide caramélique ; si l'on opère à une pression inférieure à celle indiquée, on perd le bénéfice du système, par la durée trop longue du travail et la dépense trop forte de combustible.

Ils ont tour à tour traité les maïs, les orges, les seigles, les blés, puis le foin, la paille, le bois, etc. ; ils ont ainsi obtenu des résultats très-intéressants. Le foin, par exemple, leur a donné 12 1/2 pour 100 d'alcool. Mais ils se sont surtout appliqués au traitement industriel des maïs, et leur rendement s'est élevé jusqu'au chiffre énorme de 35 pour 100 d'alcool, quand par les autres procédés, ce rendement n'atteint que 28 à 30 pour 100.

Nous extrayons d'une brochure, qu'ils ont publiée en 1874, leur manière d'opérer pour les maïs ; c'est le travail qui nous

intéresse le plus, parce qu'il sert aujourd'hui dans toutes les distilleries de mélasses, pour introduire économiquement dans le travail la levûre et l'acide nécessaires à une bonne fermentation.

« Nous cuisons en vase clos. Ce vase est en cuivre ; disons tout de
» suite pourquoi nous avons choisi ce métal. L'acide chlorhydrique ou
» muriatique, le seul dont nous nous servions, n'attaque guère le cuivre
» en masse et ne l'attaque qu'au contact de l'air; par l'expulsion de l'air
» au moyen de la vapeur, nous mettons l'appareil saccharificateur à l'abri
» de toute action corrosive, ainsi qu'on peut s'en convaincre en visitant
» celui qui est monté à notre usine ; après 1,500 cuites, il est, à l'inté-
» rieur, exactement dans le même état que le jour où le constructeur
» nous l'a expédié......

« Pour chaque espèce de substances contenant de l'amidon, l'opération
» exigera une quantité d'eau et d'acide, une pression et une durée quel-
» que peu différentes. Au lieu d'entrer à ce sujet dans d'innombrables
» détails, nous allons raconter exactement comment nous procédons
» depuis plusieurs mois avec le maïs, qui est un des grains les plus
» rebelles à une saccharification complète.

« Nous versons d'abord dans notre saccharificateur, qui mesure une
» capacité d'un mètre cube et demi, 600 litres d'eau coupés de 16 kilog.
» d'acide chlorhydrique, et en même temps nous ouvrons le robinet de
» vapeur. Dès que les deux tiers de l'eau sont entrés, nous chargeons, par
» le trou d'homme supérieur, 360 kilog. de maïs concassé. On ferme le
» trou d'homme ; on laisse sortir l'air par le robinet purgeur jusqu'à ce
» qu'il ne passe plus que de la vapeur. On ferme alors ce robinet, et le
» manomètre ne tarde pas à monter. Lorsqu'il marque 3 atmosphères
» (pression normale pour le maïs), on arrête l'introduction de la vapeur
» de chauffage. Une ou deux fois peut-être pendant l'opération, le mano-
» mètre redescend vers 2 1/2; il est bon, en ce cas, de rouvrir l'accès à
» la vapeur durant quelques secondes, ce qui suffit pour rétablir et main-
» tenir la pression normale. Après cinquante minutes de chauffage (à partir
» de l'instant où l'on a fermé le trou d'homme), on ouvre le robinet de
» décharge, et l'appareil devenant un vrai monte-jus, toute la masse
» liquide s'élève par le tuyau vers la cuve de dépôt, qui est munie d'un
» couvercle solidement cloué et d'une petite cheminée en bois, pour per-
» mettre à la vapeur du liquide de s'échapper librement sans produire
» d'éclaboussures. Entre le point de départ et le point d'arrivée du tuyau
» de décharge, il existe une différence de niveau de 6 mètres. On pourrait

» l'augmenter considérablement sans aucun inconvénient.—Rien ne reste
» dans le saccharificateur. Aussi, le faux-fond percé-de trous n'a-t-il point
› pour but de faire fonction de passoire, mais de retenir le grain, pendant
» l'opération, à une certaine distance du barboteur, afin que la distribu-
» tion de la vapeur se fasse uniformément.

« La décharge dure quatre minutes, le chargement onze. Avec les cin-
› quante minutes de cuisson, la durée totale de l'opération est donc de
» soixante-cinq minutes, de sorte que nous faisons habituellement vingt-
» deux cuites en vingt-quatre heures. L'ouvrier attaché au saccharifica-
» teur a tout le temps nécessaire pour conduire au moins deux appareils,
» chargement compris. Il serait donc facile d'établir dans les grandes
» usines toute une batterie de saccharificateurs, et rien n'empêcherait,
» d'autre part, de donner au cylindre une dimension double, triple ou
» même quadruple. »

Suivant MM. Colani et Kruger, on arrive, par l'application de
leur procédé, à diminuer la dépense de fabrication de 1,000 kilog.
de maïs de 38 fr. 50 c., qui résultent de :

1° Différence en moins sur l'acide employé, 55 kilog. à 16 fr. les 100
  kilog. 8 80
2° Différence en moins de dépenses de combustible, 990 kilog.
  de houille à 30 fr. 29 70

Soit par 1,000 kilog. de grains. 38 50

Et ce n'est là qu'une partie des avantages de ce procédé, puisqu'il augmente aussi le rendement en alcool, et qu'on parvient à
obtenir de certains maïs 35 litres de 3/6 fin.

Les figures 27 et 28 représentent la vue de face et de profil,
que nous avons fait exécuter de l'appareil de MM. Colani et
Kruger.

A. Cylindre en cuivre rouge, solidement construit, contenant son double
fond perforé.

b. Trou d'homme servant à charger les grains.

c. Trou d'homme pour introduire le double fond.

d. Éprouvette servant à suivre le travail, par la prise d'échantillons du sirop
à différentes phases de l'opération.

e. Manomètre indiquant la pression intérieure de l'appareil.

f. Horloge pour observer la durée de l'opération.

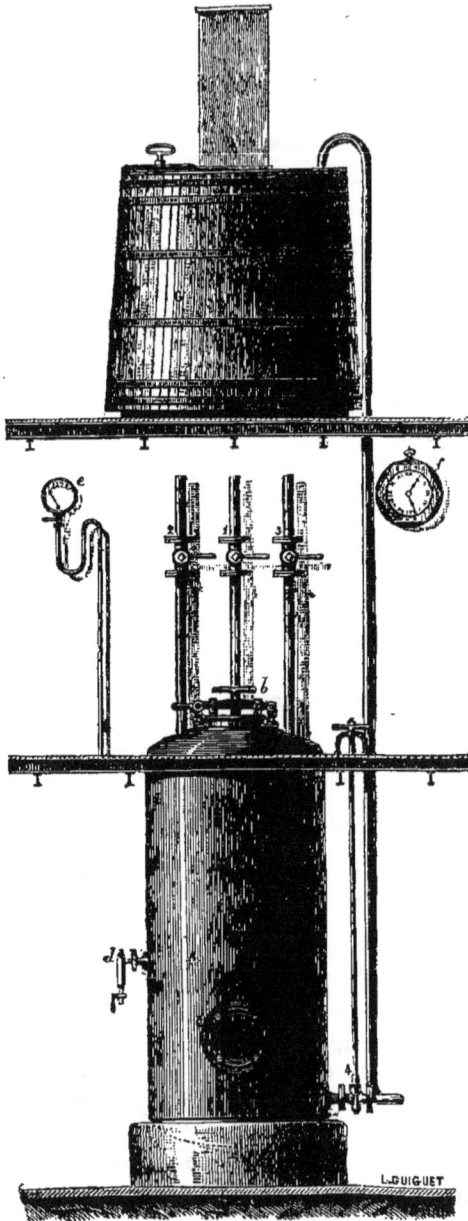

Fig. 30. — Saccharificateur Colani et Kruger vu de face.

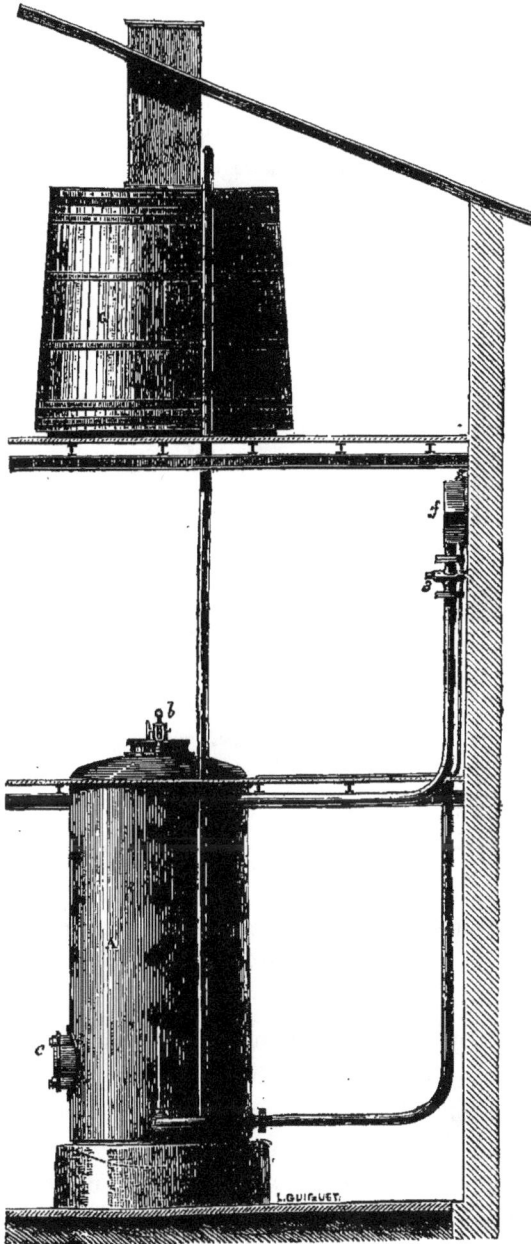

Fig. 31. — Vue de profil du saccharificateur Colani et Kruger.

G. Cuve en bois, munie d'une cheminée, servant à vider le contenu du saccharificateur, aussitôt la saccharification terminée.

1. Robinet d'arrivée d'eau acidulée.

2. Robinet d'arrivée de vapeur pour le chauffage.

3. Robinet pour purger l'air contenu dan le cylindre.

4. Robinet de vidange, communiquant à la cuve supérieure.

Plusieurs distilleries importantes se sont déjà procuré ce nouveau saccharificateur. Elles appartiennent aux industriels suivants :

> MM. Bernard frères et Leurent, à Bordeaux.
> Lefèbvre, à Corbehem.
> Alfred Billet, à Cantin.
> P. Boulet et fils, à Rouen.
> Tilloy-Delaune et Cie, à Courrières.
> Louis Porion, à Saint-André (Lille).
> François Billet, à Marly (Valenciennes).
> Fournier, à Philippeville (Algérie).
> Ch. Abegg, à Savigliano.

Ces usines emploient onze saccharificateurs, ce qui porte à douze le nombre de ces appareils, en comptant celui qui fonctionne dans l'usine des inventeurs, à Échiré, près Niort.

Les avantages réels que présente ce nouveau procédé de saccharification le font recommander aux distilleries qui traitent les grains par les acides ; et aussi aux fabriques de sirop de glucose ; ces usines en tireront un grand profit.

§ IV. — Ensemble d'une distillerie de grains opérant par les acides.

Les alcools résultant de ce travail sont d'une qualité très-supérieure, lorsqu'ils sont distillés et rectifiés par nos appareils. Ils trouvent un grand emploi dans le vinage des vins et la fabrication des eaux-de-vie.

Les distilleries de riz obtiennent, par ce procédé, de 100 kilog., suivant la qualité du riz, 33, 35 et même 38 litres d'alcool fin (au titre commercial de 90° degrés centésimaux).

Les seigles, les orges et les maïs donnent à peu près le même rendement, que lorsqu'on les travaille par le malt.

Les caroubes, ou fruits du caroubier, qui croît sur les bords de la Méditerranée, donnent de 20 à 25 litres d'alcool par 100 kilog.

On traite encore, par cette méthode, le lichen ou mousse d'Islande; plusieurs distilleries de ce genre fonctionnent en Suède et en Russie.

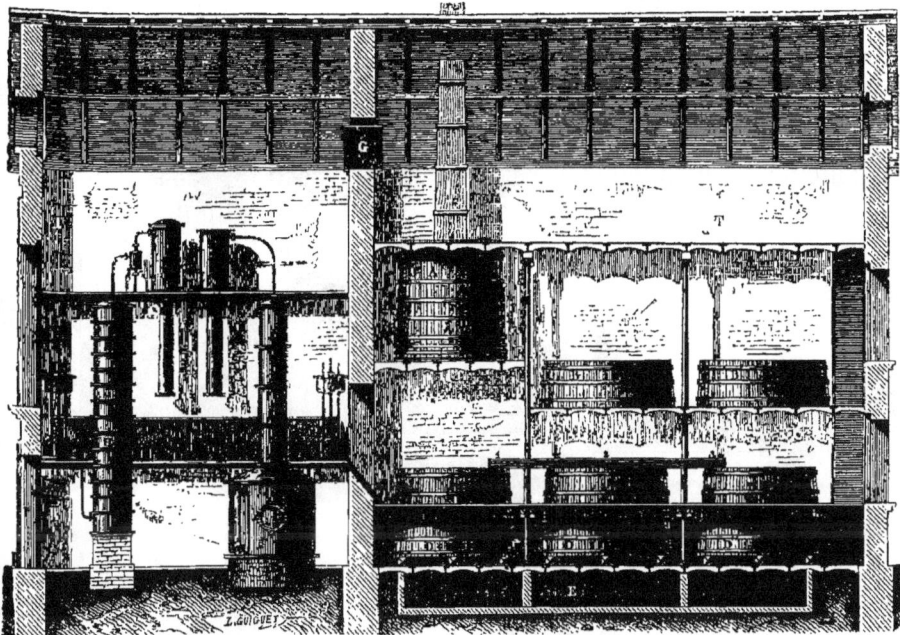

g. 32. — Ensemble d'une distillerie de grains, de résidus de féculerie ou de minoterie, opérant par les acides.

Voici la légende explicative des deux figures 29 et 30 :

A A'. — **Cuves** de saccharification, solidement établies, où les matières premières sont soumises à l'ébullition en présence d'eau et d'acide sulfurique ou muriatique.

B B'. — **Cuve** de saturation, où se déversent les sirops, pour y neutraliser en partie l'acide qu'ils contiennent.

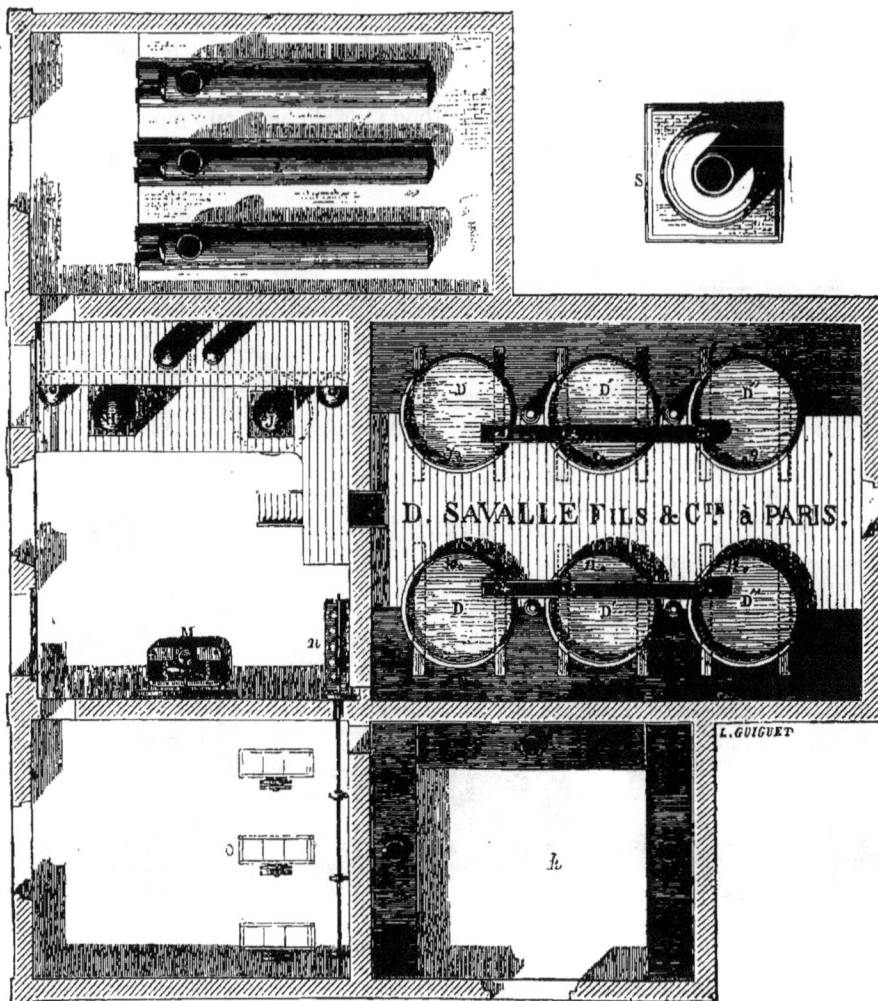

Fig. 33. — Vue en plan d'une distillerie de grains ou de résidus de féculerie et de minoterie.

C. — Réfrigérant placé derrière l'usine, où passent les sirops pour les mettre à la température nécessaire à la fermentation.

D. D′ D″. — Cuves de fermentation. Celle-ci s'opère à continu, en coupant les cuves comme dans la distillation des betteraves.

E. — Citerne dans laquelle se déversent les jus fermentés ou vins.

f. — Pompe élevant les vins dans le réservoir supérieur.

G. — Réservoir aux vins, alimentant la colonne distillatoire.

H. — Colonne distillatoire.

I. — Réservoir à flegmes (ou alcools bruts).

J. — Rectificateur.

k. — Magasin aux alcools fins.

L. — Générateurs de vapeur.

M. — Machine à vapeur.

n. — Pompe alimentaire des générateurs.

m. — Pompes à eau froide et à jus fermenté.

Nous donnons ci-contre le devis d'un matériel pour produire, par ce procédé, 2,000 litres d'alcool par jour, et nous l'accompagnons d'un plan d'installation, pour que nos lecteurs puissent se rendre compte de l'emplacement nécessaire à ce genre d'usine.

§ V. — Devis approximatif du matériel d'une distillerie saccharifiant par l'acide les grains, les fécules ou les résidus de féculerie. — Produit journalier, 2,000 litres d'alcool fin.

1° Force motrice :

Trois générateurs de vapeur de la force de 30 chevaux, chacun :

Tôle, 22,200 kilog., à 65 francs . . . . . Fr. 14.430)
Fonte, 7,200 kilog., à 45 francs . . . . 3.240 } 18.670 »
Accessoires, environ . . . . 1.000)

2° Moteur :

Machine à vapeur de 8 chevaux. . . . .   3.600 »

3° Distillation :

Une colonne distillatoire en fonte, avec ses satellites en cuivre . . . .   10.500 »

4° Rectification :

Un rectificateur n° 3 à chaudière tôle . . . .   9.600 »

A reporter. . . . . Fr. 42.370 »

Report. . . . . Fr. 42.370 »

5° **Pompes :**

Une pompe à jus fermenté en bronze . . . . ⎫
Deux pompes en fonte de fer pour eau froide . . . . . ⎬ 4.560 »
Deux pompes alimentaires . . . . ⎭

6° **Saccharification :**

Un appareil en cuivre système Colani et Kruger. . . . . 7.000. »

7° **Saturation :**

Trois cuves de 80 hectolitres . . . .   720 »

8° **Réfrigération des sirops :**

Un réfrigérant tôle et cuivre, environ . . . . 3.000 »

9° **Fermentation :**

Six cuves de 130 hectolitres . . . . 2.340 »

10° **Réservoirs en tôle :**

Deux pour les alcools bruts. . . . . ⎫
Un pour les 3/6 bon goût . . . . ⎪
Un à eau froide . . . . ⎬ 2.500 »
Un à jus fermenté. . . . . ⎪
Un à eau chaude, à 65 francs les 100 kil. . . . . . ⎭

11° **Robinetterie, tuyauterie, transmissions et
montages divers,** environ . . . . 6.600 »

Matériel : Total approximatif. . . . .Fr. 69.030 »

§ VI. — **Devis approximatif du matériel d'une distillerie
traitant, par vingt-quatre heures, 10,000 kilog. de
pommes de terre par la saccharification à l'acide,
produisant de 1,000 à 12,000 litres d'alcool.**

1° **Force motrice :**

Deux générateurs de 30 chevaux chacun :

Tôle pour les deux, 14,800 kilog., à 65 francs. . . .Fr. 9.620 »
Fonte   —   4,800 kilog., à 45 francs. . . . . . 2.160 »
Accessoires, environ . . . .   600 »

A reporter. . . . Fr. 12.380 »

Report. . . . Fr. 12.380 »

2° **Moteur :**
Une machine à vapeur de 8 chevaux . . . .   4.000 »

3° **Distillation et Rectification :**
Une colonne en cuivre, n° 2 . . . .   9.000 »
Un rectificateur n° 2, à chaudière en tôle . . . .   6.600 »

4° **Pompes :**
Une pompe à jus fermenté . . . . ⎫
Une pompe à eau froide . . . . ⎬   3.000 »
Une pompe alimentaire. . . . . ⎭

5° **Préparation :**
Un laveur . . . .   400 »
Une rape avec tambour de rechange. . . . .   2.500 »
Une pompe à pulpes, environ. . . . .   1.500 »

6° **Saccharification :**
Deux cuves en bois, de 150 hectolitres chacune. . . . .   1.350 »
Deux   —   75   —   pour saturer. . .   450 »
Six   —   100   —   pour fermenter. .   1.800 »

7° **Rafraîchissoir :**
Tôle, cuivre et partie en fonte . . . .   5.500 »

8° **Tamiseur :**
Pour enlever les parenchymes . . . .   2.500 »

9° **Réservoirs en tôle, divers :**
Pour l'alcool brut. . . ⎫
Pour l'alcool bon goût. ⎪
Pour l'eau froide . . . ⎬ environ 4,000 kilog., à 65 fr. .   2.600 »
Pour l'eau chaude . . . ⎪
Pour les jus fermentés. ⎭

10° **Tuyauterie et robinetterie**, environ. . . . . .   2.800 »

ToTAL approximatif. . . . Fr.   56.380 »

§ VII. — Nomenclature des distilleries de grains les plus importante montées par la maison Savalle.

NOMS DES INDUSTRIELS	DEMEURES	DÉPARTEMENTS	PRODUCTION JOURNALIÈRE EN ALCOOL		RENSEIGNEMENTS
			BRUT	RECTIFIÉ	
FRANCE					
Boulet et fils	Rouen	Seine-Inf.		8.000	Distillerie de riz produisan des alcools de qualité su périeure.
Le même.................. ...	—	—		10.000	
Delavigne.................	Rouen	Seine-Inf.		4.500	
A. Duboulay et Cie..........	Rouen	Seine-Inf.		3.600	
Colombet, Gibaud et Cie	Avignon	Vaucluse.		2.500	
Denis	Sommaing-sur-Écaillon..	Nord.....		1.000	Distillerie de genièvre.
2e appareil..............	—	—	1.000		
Lesaffre et Bonduelle........	Renescure......	Nord		4.000	Exploitation agricole ave engraissement du béta par les résidus de la dis tillation.
2e appareil, colonne distil- latoire rectangulaire.....	—	—	4.000		
A. Mather et Cie.............	Toulouse.......	Haute-Garonne.		2.500	
Les mêmes, 2e appareil, colonne distillatoire..............	—	—		2.500	Distillerie de maïs.
Springer et Cie	Maisons-Alfort..	Seine		6.500	Fabricants de levûre, d'a cool de grains et de rés dus pour la nourriture l'engraissement du béta M. le baron Max Spring a été décoré officier la Légion d'honneur po avoir importé en Franc l'industrie de la fabricati de la levûre.
Les mêmes, 2e appareil, recti- ficateur n° 3	—	—		2.000	
Les mêmes, 3e appareil colonne rectangul. pour la distillation des grains en mouts épais.	—	—	5.000		
Les mêmes, 4e appareil, colonne rectangulaire en cuivre pour le même objet...........	—	—	5.000		
ALGÉRIE					
Khan.....................	Chamora.......	Constantine...		4.000	Distillerie de grains et fern modèle.
Le même, 2e appareil........	—	—	2.000		
Fournier et Cie.............	Philippeville....	—		2.000	Médaille de bronze pour s alcools, à l'Exposition un verselle de 1867.
Le même, 2e appareil........	—	—	2.000		
TOTAL.......			19.000	53.100	

§ VIII. — Nomenclature des distilleries de grains les plus importantes montées à l'étranger par la maison Savalle.

NOMS DES INDUSTRIELS	DEMEURES	DÉPARTEMENTS	PRODUCTION JOURNALIÈRE D'ALCOOL		RENSEIGNEMENTS
			BRUT	RECTIFIÉ	
Report.......			19.000	53.100	
AUTRICHE					
Pokorny frères et **Hugo-Jelinek**.	Pilsen.........	Bohême..		2.500	Distillerie de grains avec production de levûres. — M. Hugo-Jelinek est l'inventeur du procédé de la carbonatation trouble employée dans les sucreries.
Adolf-Popper...............	Pilsen.........	Bohême..		2.500	
Le même, 2e appareil.......	—	—		4.000	
— 3e appareil........	—	—		6.500	
Actien Fabrikshof (Société anonyme).................	Temesvar......	Hongrie..		5.000	
ANGLETERRE					
M. Bernard et Cie...........	Leith (Écosse)...			5.000	
Hills et Underwood..........	Norwich.......			5.000	
BELGIQUE					
Carbonnelle Nérinckx........	Tournai........	Hainaut..		4.000	Mention honorable pour ses alcools. Exposition universello de 1867.
Les mêmes, 2e appareil......	—	—	4.200		
J.-B. Cuvelier fils...........	Bruxelles.......	Brabant..		4.000	Rectification d'alcool de grains
Dieryckx-Borra....	Thourout.......	Flandre occidentale...		4.000	
2e appareil pour la production des genièvres......	—	—	4.000		
Jules et Octave Claos Fiévet...	Gand..........	Flandre..		2.500	
Baron de Saint-Symphorien...	St-Symphorien..	Hainaut..		2.000	
A reporter.......			27.200	100.100	

NOMS DES INDUSTRIELS	DEMEURES	DÉPARTEMENTS	PRODUCTION JOURNALIÈRE D'ALCOOL		RENSEIGNEMENTS
			BRUT	RECTIFIÉ	
Report.......			27.200	100.400	
Bal et Cie.................	Anvers.........	Anvers...			
Le même, 2e appareil........	—	—			
Jos Sklin..................	Liége	Liége		5.000	Ont appliqué les réfrigérants Savalle à leurs appareils à genièvre.
Van den Bergh et Cie	Anvers.........	Anvers...		2.000	Idem.

ESPAGNE

| François Trullas............. | Barcelonne. ... | | 2.000 | | |
| Vicente Gutierez y Gasafont... | Santander...... | | 4.000 | | Appareil à genièvre. |

HOLLANDE

Blankenheim et Nollet	Rotterdam......			2.000	
J.-H. Henkes.................	Delfshaven	Holl. mer.		2.500	
E. Kiderlen.................	Delfshaven	—		12.000	M. Kiderlen, chevalier de l'ordre de Frédéric de Wurtemberg. Usine du Nederlandsche Stoom, Branderij en Distilleerdery, travaillant les grains, riz et mélasses exotiques, 3/6 extra-fins, marqué NSB en D.
Le même, 2° appareil, colonne distillatoire pour les grains et mélasses...	—	—	3.000		
Le même, 3e appareil, colonne distillatoire rectangulaire en cuivre	—	—	5.000		
Mouton.....................	La Haye	—		3.400	
J.-J. Melchers, Wz...........	Schiedam	—		3.400	Première distillerie de Schiedam montée à la vapeur et employant la colonne distillatoire rectangulaire. Cette usine réalise une économie de 55 p. 0/0 de combustible sur l'ancien système à feu nu employé à Schiedam.
Le même, pour une seconde usine	—	—	6.000	6.000	
Erven Lucas Bols............	Amsterdam.....			1.000	Fabrique de liqueurs. Renommée européenne pour ses anisettes.
Vandenberg.................	La Haye			2.000	
A. Van Berkel et fils	Delft..........			4.000	
Van Dulken, Weiland et Cie ...	Rotterdam......			4.800	
A reporter.......			47.200	148.200	

NOMS DES INDUSTRIELS	DEMEURES	DÉPARTEMENTS	PRODUCTION JOURNALIÈRE D'ALCOOL		RENSEIGNEMENTS
			BRUT	RECTIFIÉ	
Report......			47.200	148.200	

LUXEMBOURG

E.-K. Ellis................	Hœhenhof......			2.200	

ITALIE

Carlo Sessa	Milan..........			4.500	Distillerie de maïs, la plus importante d'Italie.
Les mêmes, 3e appareil......	—			2.500	
— 4e appareil......	—			4.500	
— 5e appareil......	—			4.500	
Métiche.................	Carrarè par Rovigo..		1.500	1.500	
Le même, 2e appareil........	—			4.500	
— 3e appareil	—				
Comte Carlo Morra..........	Turin..........			3.000	Distillerie de maïs par le malt.
Colonne rectangulaire.....	—		3.000		

PORTUGAL

André Michon..............	Porto..........			1.000	Distillerie de maïs par la saccharification acide.
2e appareil..............	—		1.000		
Peters et Cie	Porto..........			1.000	
Bel	Buarcos........			2.500	

RUSSIE

Cie industrielle et commerciale d'Odessa.................	Odessa........			6.500	
Armand	St-Pétersbourg..			2.000	Distillation du lichen d'Islande.
Revaler Spiritus-Raffinerie (Société anonyme)	Revel	Esthionie.		8.000	Directeur M. Carl Lauenstein.
2e rectificateur.............	—	—		8.000	
3e appareil	—	—	3.000		
A. Wolfsmidt..............	Moscou........			3.600	
A. Wolfsmidt.....	Riga.......... ..			4.000	
A reporter.......			55.700	242.000	

NOMS DES INDUSTRIELS	DEMEURES	DÉPARTEMENTS	PRODUCTION JOURNALIÈRE D'ALCOOL		RENSEIGNEMENTS
			BRUT	RECTIFIÉ	
Report.......			55.700	242.000	

ROUMANIE

Demètre, Moraït............	Bucharest......			2.500	
Phillipe Vretto	Galatz.........			1.000	

RÉPUBLIQUE ARGENTINE

Enrique Guisty............	Chivilcoy.......	Buenos-Ayres..		2.000	Distillation de maïs par le malt, et engraissement de bétail par les résidus de l'usine.
2e appareil, colonne rectangulaire...............	—		2.000		

CHILI

Marcel Devès...............	Lliullu.........	Limache Valpa-raiso....		1.000	
TOTAL.......			57.700	248.500	*litres d'alcool de grains*

produits par jour par les appareils SAVALLE.

§ IX. — Nomenclature des distilleries de pommes de terre et usines de rectification traitant les alcools de pommes de terre.

APPAREILS LIVRÉS DEPUIS 1869 (1).

NOMS DES INDUSTRIELS	DEMEURES	DÉPARTEMENTS	PRODUCTION JOURNALIÈRE D'ALCOOL		RENSEIGNEMENTS
			BRUT	RECTIFIÉ	
ALLEMAGNE					
J.-P. Hoper frères	Hambourg......			5.000	Livré en 1873.
2e appareil.......	—			12.400	En construction.
A. Scheurer................	Logelbach près Colmar.......	Alsace ...		1.000	
2e appareil, colonne rectangulaire................	—	—	1.000		
Jules Wrede........	Berlin			20.000	
2e appareil..............	—			7.000	
J.-A. Gilka...........	Berlin			6.500	La plus grande fabrique de liqueurs de l'Allemagne, elle en vend tous les ans, pour environ quatre millions de francs, sa fabrication la plus importante est celle du Kümmel.
2e appareil..............	—			6.500	
BAVIÈRE					
Ed. Engerer................	Regensburg			3.500	
SAXE					
Hermann Sand	Leipzig........			12.400	Usine modèle montée complétement par nous en 1873
HOLLANDE					
Romkes, Bakker et Van Calcar.	Sappemeer.....	Groningue ...		2.500	
TOTAL.			1.000	76.800	litres d'alcool de pommes de terre produits par jour par les appareils SAVALLE.

(1) De 1860 à 1863, nous avons installé en Allemagne un grand nombre d'appareils Savalle de notre ancien système. — Les produits de ces appareils ne peuvent rivaliser avec ceux des usines ci-dessus, montées d'après notre système perfectionné ; nous nous dispensons de donner les noms et les adresses de ces établissements, dont le travail n'est plus à la hauteur de notre époque.

Nous sommes informés que des constructeurs, en Allemagne, se permettent d'avancer qu'ils sont autorisés par nous à établir notre nouveau système d'appareils perfectionné. Nous déclarons ici n'avoir donné ni cette autorisation, ni le secret de notre système, à qui que ce soit, et nous engageons les personnes qui voudront employer nos nouveaux procédés à s'adresser directement à MM. D. Savalle fils et Cie, 64, avenue Uhrich, à Paris, comme l'ont du reste fait MM. les propriétaires des usines ci-dessus.

CHAPITRE CINQUIÈME

DISTILLATION DES VINS.

§ I. — Perfectionnement des distilleries de vins du Midi pour la production des alcools rectifiés et pour celle des eaux-de-vie.

La France est sans contredit le pays où la distillation a le plus progressé ; c'est là où l'on a créé la distillation de betteraves, c'est encore là où l'on a doté la distillation des mélasses de nombreux perfectionnements que nous venons d'énumérer en partie. Cette activité, si favorable aux créations nouvelles, a eu pour point de départ et pour cause essentielle l'*oïdium*, cette maladie de la vigne qui est venue jeter une perturbation si grande dans les vignobles et les distilleries de vins du Midi. Cette perturbation a été telle, que malgré la disparition de ce fléau, les distilleries du midi de la France ne se sont pas encore relevées du coup qui leur a été porté.

Il faut attribuer l'infériorité actuelle de ces établissements à l'imperfection des appareils dont elles se servent. Les anciens appareils, chauffés à feu nu, datent de Cellier Blumenthal et de Derosne, c'est-à-dire de 1820 et n'ont pas été modifiés ni remplacés depuis.

Les distilleries du Midi, se fiant beaucoup trop sur la nature du produit des vins qu'elles travaillent, sont restées complètement étrangères à tous les progrès réalisés dans le Nord de la France ; chaque propriétaire du Midi a continué à *brûler son vin* dans son ancien appareil à feu nu. Il en est résulté que les produits aussi sont restés ce qu'ils étaient il y a cinquante ans, et qu'ils se sont laissé devancer énormément par les *alcools fins de provenance de vins et rectifiés* obtenus en Espagne et en Italie par les appareils perfectionnés.

Nous pensons le moment venu où les choses vont changer de face ; l'Assemblée nationale y aura puissamment contribué par la loi sur les bouilleurs de crû.

Les petits propriétaires ne voudront pas, pour quelques centaines d'hectolitres de vins distillés, avoir les employés de la régie chez eux pendant toute l'année. Et cela se comprend. Ils préféreront vendre leurs vins en nature aux grands propriétaires, qui se trouveront ainsi avoir un approvisionnement de vins suffisant à l'alimentation d'une distillerie bien montée, d'une petite usine établie sur le modèle de celles qui existent déjà en nombre en Espagne. Là, les opérations se feront convenablement, *tout l'alcool contenu dans le vin en sera parfaitement et bien complétement extrait, au moyen d'un appareil distillatoire perfectionné, fig. 34. On ne perdra plus, comme on le fait maintenant, une partie notable de l'alcool dans les vinasses.*

Puis, les brouillis obtenus seront ou rectifiés pour être réduits à l'état d'alcool fin à 96 ou 97 degrés, ou ils seront repassés pour être transformés en eau-de-vie fine de qualité supérieure, dont on aura extrait les parties acides malfaisantes et les huiles lourdes, en leur laissant les parfums de l'eau-de-vie les plus fins et les plus agréables au goût et à l'odorat. Les produits de ces usines étant à la hauteur de ceux obtenus en Espagne, trouveront là un débouché considérable. L'Espagne emploie des quantités d'alcool de vins pour la fabrication de ses vins de Jerez et de Malaga, qui sont chargés habituellement dans la proportion de 20, 25 et même de 30 0/0 d'alcool, lorsqu'ils sont destinés à l'exportation en Angleterre et dans les contrées du Nord. En 1872, l'alcool de vin rectifié valait en Espagne 130 francs l'hectolitre ; il y a de port et de droit d'entrée environ 30 francs, le 3/6 de vin rectifié aurait donc pu se vendre en France 100 francs l'hectolitre, tandis que son prix n'a varié que de 56 à 75 francs. Il y a donc là une belle opération à réaliser pour les distilleries du Midi, lorsqu'elles seront montées et outillées convenablement. Les grands propriétaires du Midi profiteront, nous en sommes persuadés, de cette position avantageuse qu'ils se créeront, en montant des distilleries où ils pourront à volonté produire des alcools fins ou des eaux-de-vie. Ils ne voudront plus négliger cette source nouvelle d'augmentation de revenu pour les contrées viticoles du midi de la France.

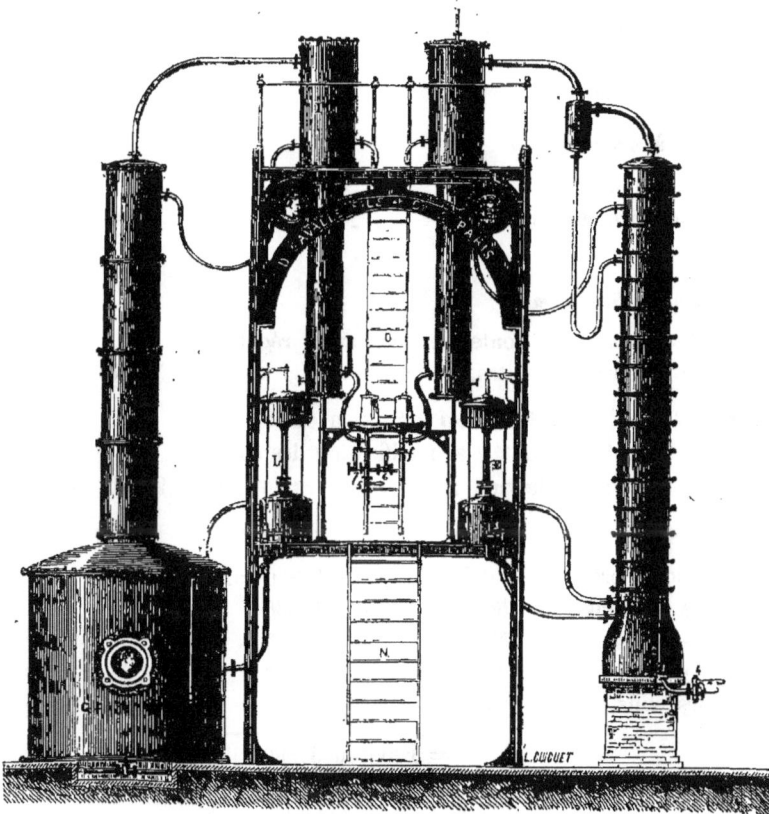

Fig. 34. — Ensemble d'appareil pour la distillation des vins et pour la rectification des alcools ou la production des eaux-de-vie.

§ II. — **Devis approximatif du matériel d'une distillerie de vins produisant à volonté, par 24 heures, 2,000 à 2,200 litres de 3/6 Montpellier, rectifié à 96°, ou 4,000 litres d'eau-de-vie de qualité supérieure.**

1° Générateur de vapeur de 25 chevaux :

Tôle de fer, 6,200 kilog. à 65 fr.	4.030	
Fonte de fer, 2,000 — 45	900	5.230 »
Accessoires, environ..	300	

2° Machine à vapeur :

Pompe à eau froide.	
Pompe alimentaire du générateur	3.600 »
Pompe à vins	

3° Distillation des vins :

Appareil distillatoire en fonte de fer, avec régulateur de vapeur et autres satellites, en cuivre rouge. . . . .   7.500   »

4° Appareil de rectification n° 3, avec chaudière en tôle, produisant à volonté la rectification des alcools, ou la repasse des eaux-de-vie. . . . .   9.200   »

5° Réservoirs :

Un pour l'alcool brut, de 100 hect., poids 1.850 kilog.
Un pour les 3/6 fins, de   50   —   —   1.030
Un pour l'eau froide   de   25   —   —   375
Un pour l'eau chaude, de   15   —   —   375
Un pour les vins, de...   15   —   —   250

= Environ 3.880 kilog.
à 65 fr. les 100 kilog.   2.522   »

6° Tuyauterie et robinetterie des appareils de l'usine, environ . . . .   1.200   »

Prix du matériel complet. . . . . . .   29.252   »

Ce matériel paraîtra d'un prix élevé aux propriétaires qui le compareront à celui d'un simple appareil à feu nu, qui ne leur coûte que le tiers environ ; — mais, qu'ils soient bien convaincus *qu'il est impossible d'atteindre à la perfection des produits, si les appareils ne sont pas chauffés à la vapeur et munis d'un régulateur de vapeur;* — qu'il est essentiel que les pompes fonctionnent par la vapeur, afin d'éviter la main-d'œuvre et afin d'obtenir un travail régulier ; — *qu'il est utile qu'une usine ait ses réservoirs en tôle, où l'alcool soit logé à l'abri de toute évaporation*, et qu'enfin il faut un matériel bien complet pour qu'aucune partie du travail ne cloche, et que l'usine fonctionne régulièrement et sans causes d'arrêt. Malgré le prix de ce matériel, il est celui qui coûte le moins, car pour toutes les autres distilleries, il y a à y ajouter l'outillage pour travailler les matières premières. Ce matériel permettra, dans le Midi, après la saison de la distillation des vins, celle des maïs ou d'autres grains.

Les appareils Savalle, montés en Espagne, en Italie et au Portugal pour distiller les vins, sont déjà au nombre de dix-neuf et fournissent journellement 401 hectolitres d'alcool fin. — Nous donnons plus loin les noms et les adresses des propriétaires de ces usines, où les propriétaires du Midi pourront se renseigner et d'où, au besoin, nous pourrons leur faire venir des produits qui leur serviront d'échantillons.

Une distillerie de l'importance de celle dont nous donnons le devis n'a besoin que d'un distillateur avec son aide; les hommes de peine pour amener les vins et le garçon de magasin qui expédie les 3/6 sont en plus, bien entendu. Les distilleries d'Espagne usent, par hectolitre de 3/6 distillé, environ 45 kilogrammes de houille; la dépense de vapeur pour les pompes est comprise dans cette consommation.

La rectification de l'alcool pour l'amener à 96 degrés exige environ, par hectolitre, 40 kilog. de combustible. La rectification des brouillis exige la moitié à peu près de cette dépense.

142 DISTILLATION DES MARCS.

§ III. — **Nouveau procédé de distillation des marcs de raisins.**

La distillation des marcs de raisins n'a fourni jusqu'ici, dans le midi de la France, que des 3/6 inférieurs, chargés d'huiles essentielles et d'éther, il est vrai que ces 3/6 peuvent se rectifier dans nos appareils et fournir un produit relativement bon ; mais il est facile d'améliorer beaucoup cette fabrication et d'obtenir des alcools excellents par la méthode que j'ai expérimentée et que je vais indiquer. Cette méthode a l'avantage de supprimer les calandres et les appareils spéciaux, que l'on achetait uniquement en vue de la distillation des marcs.

Voici comment il faut opérer. Après avoir mis les marcs dans une cuve, on ajoute pour chaque hectolitre de marc pressé un hectolitre et demi d'eau tiède à 30 ou 40 degrés. On brasse bien le mélange, on laisse les marcs se gonfler en se chargeant d'eau pendant douze heures. Ensuite, on passe au pressoir les marcs chargés d'eau, celle-ci s'écoule et entraîne avec elle tout l'alcool contenu dans le marc. En soumettant ce liquide à la distillation, on obtient un alcool excellent qui, lorsqu'il est rectifié, fournit un 3/6 extra-fin. En effet, cet alcool est débarrassé des huiles lourdes, infectes, retenues dans le pépin, dans la pelure et dans la râfle du raisin.

Dans des expériences très-intéressantes, nous avons d'abord séparé avec soin les râfles, pour les distiller à part ; elles ont fourni une très-grande quantité d'huile essentielle lourde, très-infecte. Nous avons ensuite soumis à la distillation le marc sortant du pressoir et dont on avait extrait l'alcool par le moyen indiqué ci-dessus. Ce résidu a donné de l'huile essentielle, mais en quantité infiniment moindre que la râfle et d'une odeur moins pénétrante. On peut donc, en employant ma méthode, qui consiste à faire gonfler d'abord les marcs par l'eau tiède et à les soumettre à une pression convenable, extraire un 3/6 excellent et d'une valeur commerciale bien supérieure au 3/6 de marc actuel. On peut

en outre distiller le liquide chargé d'alcool par les appareils distillatoires continus, sans être astreint à l'emploi de calandres, ou
d'autres appareils spéciaux qui n'ont d'emploi que pour distiller
les marcs en nature.

Nous tenons (à Paris, 64, avenue du Bois-de-Boulogne), à la disposition des personnes que la nouvelle méthode de distillation des
marcs intéresse, les échantillons des produits obtenus dans nos
expériences. Ils sont remarquables par la qualité des produits et
par la séparation presque complète des huiles essentielles restées
dans la râfle et dans le marc.

Pour opérer cette distillation des marcs en grand, il faudrait y
appliquer notre presse continue : les marcs seraient, en ce cas,
préparés avant la macération au moyen d'un hache-paille ; après
la macération, ils seraient refoulés dans la presse au moyen de
notre pompe à tiroir.

La pression ainsi obtenue serait parfaite, et l'on pourrait agir
sur 40,000 kilogrammes par jour avec une seule presse.

§ IV. — Nouvel appareil d'essai des vins indiquant la richesse alcoolique avec une grande précision.

Il est d'une grande importance, pour les distillateurs des pays
vignobles, de savoir exactement la richesse alcoolique des vins
qu'ils achètent ; mais jusqu'à présent tous les moyens qui leur
ont été proposés pour arriver à ce résultat ne leur donnent que
des appréciations très-approximatives qui s'écartent parfois beaucoup de la réalité et sont la cause de grands mécomptes. — Les
petits alambics d'essai donnent un produit très-faible en alcool,
qu'il est difficile de peser exactement, à cause de la *capillarité*
qui fausse l'indication du pèse-alcool dans les faibles degrés, —
et aussi à cause des acides qui sont entraînés par la distillation
et mélangés au produit.

Nous nous sommes appliqués à étudier la question et, à l'aide
de nombreuses observations, nous sommes arrivés à établir un

appareil d'essai (voyez fig. 35), *qui fournit un produit à fort degré, exempt d'acides et facile à titrer comme richesse alcoolique.*

Un des défauts principaux des appareils d'essai était d'opérer sur un volume de vin trop minime ; notre appareil opère sur cinq ou, à volonté, sur dix litres de vin à la fois, et donne un produit qui pèse en moyenne de 50 à 60 degrés centésimaux.

On arrive par lui à reconnaître l'alcool contenu dans les vins à une approximation d'un litre d'alcool sur 100. — Nous ne connaissons pas d'appareil qui ait donné, jusqu'ici, une appréciation plus minutieuse.

Maintenant, cet appareil d'essai a un tort, nous le savons ; il coûte plus à établir que les autres alambics d'essai par le motif qu'il est plus grand, et d'une construction toute différente, mais les services qu'il rend sont importants et les grandes maisons de distillation se le procurent, malgré qu'il coûte 500 francs.

Cet appareil d'essai peut se chauffer au gaz, au pétrole, à l'alcool ou même à la vapeur ; — nous prions donc les personnes qui voudraient se le procurer, de nous indiquer si elles ont chez elles le gaz ou si elles préfèrent un autre mode de chauffage. — Nous donnons toujours la préférence au chauffage au gaz quand on l'a à sa portée.

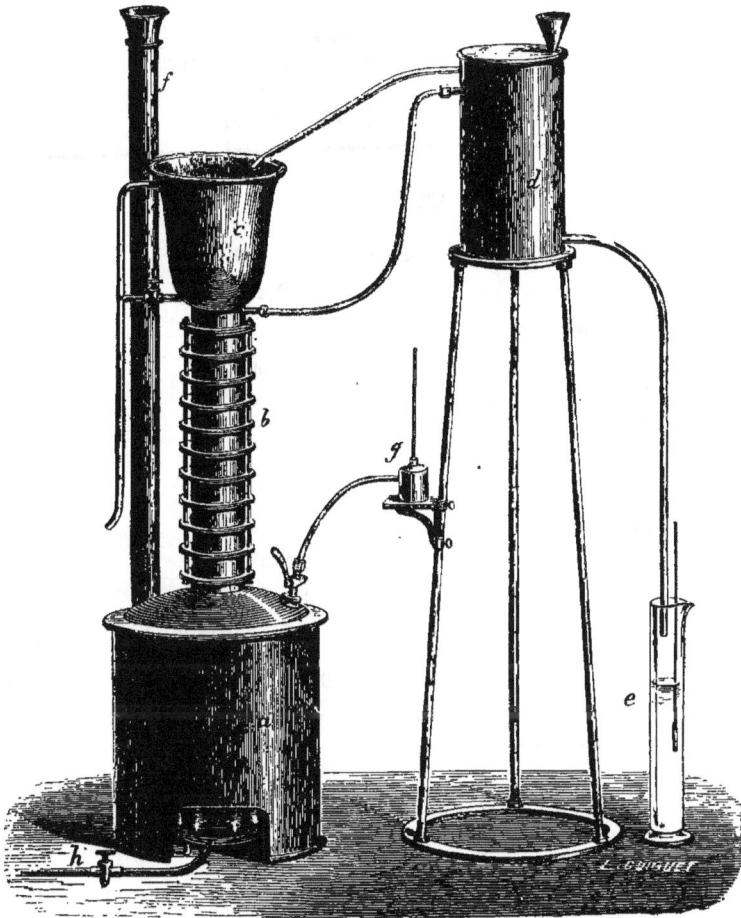

Fig. 35. — Nouvel appareil d'essai des vins (breveté s. g. d. g.).

§ V. — Distilleries de vins les plus importantes montées par la maison Savalle.

NOMS DES INDUSTRIELS	DEMEURES	DÉPARTEMENTS	PRODUCTION JOURNALIÈRE D'ALCOOL		RENSEIGNEMENTS
			BRUT	RECTIFIÉ	
ESPAGNE					
J.-F. et E. Barreda..........	Port-Ste-Marie..			2.000	
M. Bertran y Rosell.........	Barcelone......			2.200	
Cécilio de Roda	Albunol........			2.200	
Fermin de Urmeneta........	Chiclana.......			2.500	
Joaquin de la Gandara, directeur du chemin de fer de Saragosse	Albacète........			4.000	
José de Bertemati..........	Jerez-de-la-Frontera...			2.500	
Leach, Giro et Cie	Alicante........			1.000	
Manuel Pareja	—			1.000	
Le même, 2e appareil........	—			2.500	
D. Juan Malvido............	—			2.200	Distillation des vins et rectification des alcools de vins.
Colonne distillatoire..... .	—		3.000		
Nicolas Gomez..............	La Palma, près Séville.		4.000	2.000	A remporté la médaille d'or pour ses alcools à l'Exposition de Séville en 1874.
2e appareil..............	—				
Pedro Domecq..............	Jerez-de-la-Frontera...			2.500	
Sévil, Hermanos y Pohndorf..				2.500	
Ramon Jimenez ......:.....	Puerto-Santa-Maria....			4.500	
Marichalar.................	—			4.500	
ITALIE					
La Sicilia Societa enologica e di Agrumi...............	Acireale........	Sicile....		2.000	
2e appareil: colonne distillatoire rectangulaire.....	—	—	3.000		
TOTAL......			10.000	40.100	litres d'alcool de vins

produits journellement par les appareils SAVALLE.

CHAPITRE SIXIÈME

DISTILLATION DE LA CANNE A SUCRE.

§ 1. — Origine de la distillation de la canne à sucre.

La distillation directe de la canne à sucre est une opération qui ne se pratique que depuis peu de temps dans deux usines que nous avons installées, l'une à l'île Madère et l'autre à l'île Maurice. Ce travail, exécuté avec un bon outillage, est très-lucratif, car il permet d'extraire de la canne une quantité de vesous bien plus grande que dans la fabrication du sucre. En effet, on est forcé, dans les fabriques de sucre, d'extraire le vesou, par une seule pression, sous de puissants laminoirs appelés moulins. Ces moulins, quelque puissants qu'ils soient, laissent dans la canne une proportion de sucre considérable — qui varie de 5 à 10 kilogrammes de sucre, par 100 kilogrammes de cannes, suivant le plus ou moins de perfection des moulins employés.

En distillation, nous ne perdons pas ce sucre retenu par la bagasse. Nous faisons passer celle-ci dans un réservoir contenant de l'eau tiède, pour la pénétrer et la faire gonfler; c'est une espèce de macération qui s'opère ; puis elle est reprise par un second moulin qui en extrait l'eau et presque tout le sucre qu'elle retenait. Notre méthode de macération de la canne et de double pression pourra aussi se pratiquer dans les sucreries, car si les fabricants ne veulent pas faire du sucre avec les jus provenant de

la seconde pression, ils pourront les distiller très-avantageusement
en les mélangeant à leurs mélasses.

La distillation directe de la canne à sucre rendra de grands
services à notre colonie d'Afrique et à tous les pays où l'on voudra introduire la culture de la canne à sucre — car elle permet
d'alimenter une usine avec une plantation relativement restreinte.
On pourrait débuter avec 50 hectares de cannes qui, si elles
sont d'une bonne venue, produiront environ 3 millions de kilogrammes de cannes, soit l'alimentation d'une distillerie pour une
campagne de cent jours. L'année suivante, on augmenterait les
plantations pour arriver successivement à alimenter la distillerie
pendant cent cinquante jours — et l'on ferait ainsi une excellente
opération ; car on obtiendrait de 75 hectares environ 3,500 hectolitres d'alcool, qui, au prix de 65 francs, représentent 227,500 francs
de recette brute, soit 3,033 francs par hectare.

Nous engageons beaucoup les propriétaires de l'Algérie et ceux
du sud de l'Espagne *à se procurer une brochure écrite en 1861 par
un propriétaire de l'île de la Réunion*, M. Malavois, chevalier de la
Légion d'honneur et conseiller colonial. — Ils y trouveront tous
les détails relatifs à la culture de la canne. Cette brochure est
éditée par la librairie de M. J. Louvier, 25, quai des Grands-
Augustins, à Paris ; son prix est de 2 fr. 50 c. ; ils trouveront
aussi de précieux renseignements dans l'ouvrage de M. Louis
Figuier, intitulé : *Industrie du sucre.*

Il y a, dans la culture et dans la distillation de la canne, une
mine d'or à exploiter pour certaines contrées de l'Afrique. Ceux
qui s'y adonneront ne feront, du reste, que répéter ce qui a réussi
depuis des années en Égypte, où le vice-Roi a des plantations
considérables de cannes qui servent à alimenter ses sucreries.

Les distilleries situées en Algérie se trouveront admirablement
placées pour alimenter d'alcool l'Espagne, le Portugal, l'Italie et
la Turquie, qui aujourd'hui tirent en majeure partie ce produit
de l'Allemagne par la Baltique.

Nous avons indiqué aux propriétaires d'Afrique les avantages
énormes qu'ils tireront des distilleries de cannes ; ces avantages
seront les mêmes pour les opérations de ce genre, qui se monte-

Fig. 36. — Vue en élévation d'une distillerie de cannes à sucre construite par MM. D. Savalle fils et Cie.

ront soit dans le sud de l'Espagne, de l'Italie, de la Grèce ou de
la Turquie, et dans tous les climats où la culture de la canne
peut se faire convenablement.

Nous donnons ici, figures 36 et 37, la vue en élévation et en
plan de l'ensemble d'une distillerie établie par notre maison, pour
un travail journalier de 30,000 kilogrammes de cannes.

La légende suivante fait comprendre les dispositions adoptées :

A. — Moulin à cannes semblable à ceux employés dans les sucreries.

B. — Machine à vapeur et transmission pour le moulin à cannes.

C. — Six cuves de fermentation, où le vesou, préparé, transforme son sucre
en alcool.

D. — Pompe à vesou, alimentant l'appareil distillatoire, et pompe à eau.

E. — Machine à vapeur faisant mouvoir les pompes.

P. — Réservoir à vesou fermenté alimentant l'appareil distillatoire.

G. — Appareil distillatoire, où l'alcool est extrait du vesou fermenté et se
produit à l'état de tafia.

H. — Réservoir à tafia.

I. — Appareil de rectification, où les tafias sont débarrassés de leur goût
et de leur odeur, et sont amenés à l'état d'alcool fin à 96 degrés centésimaux.

J. — Magasin et réservoir, où on loge l'alcool bon goût, prêt à être expédié.

K. — Générateur de vapeur.

Le fonctionnement de l'usine est des plus simples. La canne
amenée au moulin est écrasée, et le vesou extrait s'élève par un
monte-jus L dans les cuves préparatoires MM' ; de là, il se rend
à courant continu dans les cuves de fermentation C'CC", et lorsqu'une cuve de fermentation est pleine, on la divise en deux, en
la partageant par moitié dans la cuve suivante. Le vesou des
cuves MM' coule alors sur les deux cuves qui continuent à fermenter. La première est abandonnée à sa fermentation, jusqu'à
ce qu'elle soit bonne à distiller ; la seconde se partage encore en
deux dans une cuve suivante, et la fermentation se continue
ainsi de suite en utilisant la dernière emplie pour poursuivre
l'opération.

Il en résulte un travail très-rapide et très-complet de la transformation de la matière sucrée en alcool. Les cuves tombées
sont vidées par la pompe D dans le réservoir supérieur P qui alimente l'appareil de la distillation G. Le produit alcoolique de ce

Fig. 37. — Vue en plan d'une distillerie de cannes à sucre.

premier travail se rassemble dans le réservoir couvert en tôle H, et sert toutes les vingt-quatre heures à charger l'appareil de rectification I. Enfin l'alcool parfaitement épuré et achevé se rend au magasin à alcool en J.

§ II. — Devis approximatif du matériel d'une distillerie travaillant par jour 30,000 kilog. de cannes.

On voit que la conduite d'une distillerie de cannes ne présente réellement aucune difficulté. Aussi les ouvriers ordinaires des pays où on les établit se mettent-ils promptement au courant du travail. Pour éviter d'ailleurs les *écoles*, la maison Savalle a soin d'envoyer un contre-maître pour surveiller l'installation de toute usine nouvelle, pour assister au montage des appareils et à leur mise en marche. De cette manière, l'industrie de la distillation perfectionnée prend facilement racine. Voici le devis approximatif du matériel d'une distillerie pouvant travailler par jour 30,000 kilogrammes de cannes, et livrer ses produits au commerce, soit à l'état de tafia, soit rectifiés et marquant 96 à 97 degrés centésimaux :

1° Force motrice :

Un générateur de vapeur de 50 chevaux . . . . Fr. 10.000

2° Moteurs :

Une machine à vapeur de 3 chevaux. 2.500

    —   —   8 chevaux. 4.800

3° Extraction du vesou :

Un moulin à cannes et sa transmission 8.500

4° Pompes :

Trois pour les jus fermentés, pour l'eau froide et pour l'alimentation du générateur 3.000

Transmission de mouvement, environ. 1.200

                                   A reporter. . . . Fr. 30.000

Report. . . . Fr. 30.000

5° Distillation des vins :

(Jus fermentés) — une colonne distillatoire avec régulateur de vapeur 12.000

6° Rectification des alcools bruts :

Un rectificateur n° 3 à chaudière en tôle. 8.000

7° Réservoirs en tôle :

Un pour les alcools bruts de 100 hect. ; un pour les alcools rectifiés de 50 hect. ; un pour les jus faibles de 25 hect. ; un pour l'eau froide de 25 hect. ; un pour l'eau chaude de 15 hectolitres 2.500

8° Fermentation :

Six cuves en bois de 100 hect. chacune. Mémoire . . . . . »

9° Tuyauterie et robinetterie de l'usine variant suivant la disposition des locaux 4.300

Total (1) . . . . Fr. 56.800

(1) Ces prix sont variables avec les cours des métaux ; au moment où nous publions cette brochure, ils ont subi une augmentation d'environ quinze pour cent.

CHAPITRE SEPTIÈME

DISTILLATION DES JUS FERMENTÉS.

§ I. — **Appareil rectangulaire pour la distillation des jus fermentés et la production des 3/6, des genièvres, etc.**

Les distillateurs attachent généralement une très-grande importance au choix de leur appareil de rectification des alcools. Ils font bien en cela, car il est très-important de produire des alcools de qualité supérieure; mais ils ont souvent eu le tort de n'attacher qu'une importance secondaire au choix de la colonne distillatoire. Ce tort est très-grand, car *il ne suffit pas qu'une usine fasse bon, il faut aussi qu'elle ne perde pas une partie de ses produits, par l'emploi d'un appareil distillatoire défectueux, et qu'elle ne dépense pas inutilement 20 à 30 0/0 de trop de combustible en distillant les jus par un mauvais appareil.*

Aussi nous sommes-nous appliqués d'une manière toute spéciale à perfectionner les appareils de distillation des jus fermentés, et nous venons ici donner les résultats de nos travaux.

Pendant longtemps nous avons employé à nos colonnes distillatoires des plateaux perforés; ce système paraît, de prime abord, le plus simple et le plus rationnel, quand l'appareil est neuf, et lorsqu'il est appliqué à la distillation de liquides peu chargés : rien de mieux, son fonctionnement est parfait pendant les premiers temps; mais ensuite, la perforation des plateaux qui sert de passage à la vapeur, s'agrandit et le rapport entre ces passages de vapeur et le travail produit n'existe plus; il en résulte une perte d'alcool dans les vinasses, qui va en grandissant en raison de l'usure des plateaux de colonne.

Ce motif, et aussi l'inconvénient qui se présentait lorsque nous voulions appliquer cet appareil à la distillation des matières chargées de grains, nous l'ont fait abandonner.

Nous nous sommes donc mis à combiner un nouvel appareil, pour écarter ces deux inconvénients d'usure et d'obstruction par des accumulations de matières; et nos travaux ont été couronnés de succès par les résultats parfaits obtenus de notre nouvelle colonne distillatoire rectangulaire.

Dans cette colonne, toutes les parties sont robustes et à l'abri d'une trop prompte usure, et la combinaison du système est telle, que l'appareil reste constamment propre, par la vitesse d'écoulement de la matière en distillation, qui entraîne avec elle toutes ses parties et ne permet aucun dépôt.

Notre nouvel appareil se distingue en outre :

— *Par l'application d'un régulateur de vapeur à son chauffage ;*

— *Par le mode de régulariser l'alimentation des liquides à distiller ;*

— *Par son chauffe-vins à grandes surfaces, qui utilise parfaitement le calorique des vapeurs d'alcool au profit du vin froid entrant dans l'appareil ;*

— *Par le brise-mousses qui procure des produits moins acides et exempts de mélanges de matières résultant de coups de feu ;*

— *Par les conduits dits* trop-pleins, *qui sont établis de telle sorte qu'ils communiquent au dehors au moyen d'un regard ; on peut ainsi les visiter sans démonter l'appareil ;*

— *Par le réfrigérant tubulaire dont la disposition intérieure nouvelle réduit de moitié la consommation d'eau nécessaire à la réfrigération.*

L'ensemble du système offre une perfection réelle d'où résulte *une grande puissance de travail* et *l'assurance d'épuiser complétement d'alcool les vinasses.* On évite ainsi les pertes de produits que l'on subit par les anciens appareils.

En appliquant, dans le Nord, notre appareil d'épreuve des vinasses, nous avons trouvé des colonnes à calottes perdant jusqu'à 4 0/0 d'alcool. Généralement, nous constatons une perte de 1 à 2 0/0.

Nous avons appliqué notre nouvelle colonne avec succès :

1° A la distillation des grains en matière pâteuse épaisse, composée d'orge, de seigle ou de maïs. De beaux spécimens de notre appareil fonctionnent, pour ce travail, dans le nord de la France, à Schiedam en Hollande, en Italie et chez M. le baron Springer, à Maisons-Alfort, près Paris ;

2° A la distillation des mélasses indigènes ; certains de ces appareils produisent, par jour, jusqu'à 200 hectolitres d'alcool pur ;

3° A la distillation des mélasses de sucreries de cannes aux colonies ;

4° A la distillation des betteraves ;

5° Et, enfin, à la distillation des vins.

Le travail de ce nouvel appareil donne, pour ces différentes distillations, des résultats parfaits ; aussi, après s'être rendu compte du progrès à réaliser dans leur travail, plusieurs distilleries ont-elles déjà décidé le remplacement de leurs anciennes colonnes distillatoires par la nouvelle colonne rectangulaire.

Vingt-cinq usines, dans divers pays, se servent déjà ou vont se servir de cette nouvelle colonne. Voici la liste de ces usines :

1° M. René Collette, aux Moëres françaises.
2° MM. Lesaffre et Bonduelle, à Renescure (Nord).
3° MM. Carbonnelle Nerynckx, frères, à Tournai (Belgique).
4° M. Melchers, à Schiedam (Hollande).
5° M. le baron Springer, à Maisons-Alfort (Seine); deux appareils.
6° M. Triboulet, agriculteur, à Assainvilliers.
7° MM. Kruger et Cⁱᵉ à Niort.
8° M. Chatriot Wallet, à Trémonvillers.
9° M. Normand, à Vaux-Vraucourt.
10° M. Pennelier, à la Neuville-Roy (Oise).
11° S. A. le Khédive d'Égypte, pour l'usine de Massarah-el-Sammalouth, deux appareils.
12° M. E.-K. Ellis, à Roodt, près Luxembourg.
13° M. E. Kiderlen, à Delfshaven, près Rotterdam (Hollande).
14° M. Paul Ernault, à Denizy, près Dourdan.
15° M. Turin, château de Cornuse par Blet (Cher).
16° M. Schotsmans, à Ancoisne (Nord).
17° Le Dentu et Cⁱᵉ, à la Guadeloupe.
18° E. Bertran y Rosell à Barcelone (Espagne).

19° M. le comte Carlo Morra, à Turin (Italie).

20° La Société anonyme de la distillerie et potasserie d'Aubervilliers (Seine).

21° A. Scheurer, à Logelbach, près Colmar.

22° Armand Kolb-Bernard, à Plagny, près Nevers.

23° La Sicilia, Société œnologique d'Acireale (Italie).

24° Henrique Guisty, à Buenos-Ayres.

25° Eugène Porion, à Wardrecques (Pas-de-Calais.)

Des 28 appareils ainsi spécifiés, 9 sont appliqués à la distillation des betteraves; 9 à la distillation des grains en matières pâteuses; 10 à la distillation des mélasses, et un à la distillaton des vins; 10 sont établis avec colonne en fonte de fer, et 18 sont construits complétement en cuivre.

L'une de ces colonnes, celle établie chez M. René Collette, aux Moëres françaises (Nord), travaille, par jour, jusqu'à 250,000 kilog. de betteraves; une autre, dans l'usine de Mme veuve Carbonnelle Nerynckx à Tournai (Belgique), est de puissance à fournir, par jour, 16,000 litres d'alcool pur.

Les figures 38 et 39 représentent le nouveau système dont voici la légende explicative :

A. — Colonne distillatoire rectangulaire en fonte de fer; elle se compose du soubassement, de vingt-cinq tronçons munis de regards; et de la couverture, le tout maintenu par dix boulons à chaque joint.

B. — Brise-mousses, retournant à la colonne les mousses et les matières entraînées par le courant de vapeur, se rendant de la colonne au chauffe-vins.

C. — Chauffe-vins tubulaire.

D. — Réfrigérant tubulaire à compartiments intérieurs.

E. — Éprouvette graduée, pour l'écoulement des flegmes.

F. — Régulateur de chauffage de l'appareil.

G. — Serpentin d'épreuve.

H. — Second brise-mousses où passent les vapeurs sortant du chauffe-vins après l'épuisement de la colonne. Les mousses entraînées retournent à la colonne par le tuyau s, et les vapeurs d'alcool se rendent au réfrigérant par le tube t.

i. — Tuyau conduisant les vapeurs de chauffage de la soupape du régulateur à l'appareil.

j. — Tuyau de pression de la colonne au régulateur.

k. l. — Tuyau conduisant les vapeurs alcooliques de la colonne au brise-mousses et au chauffe-vins.

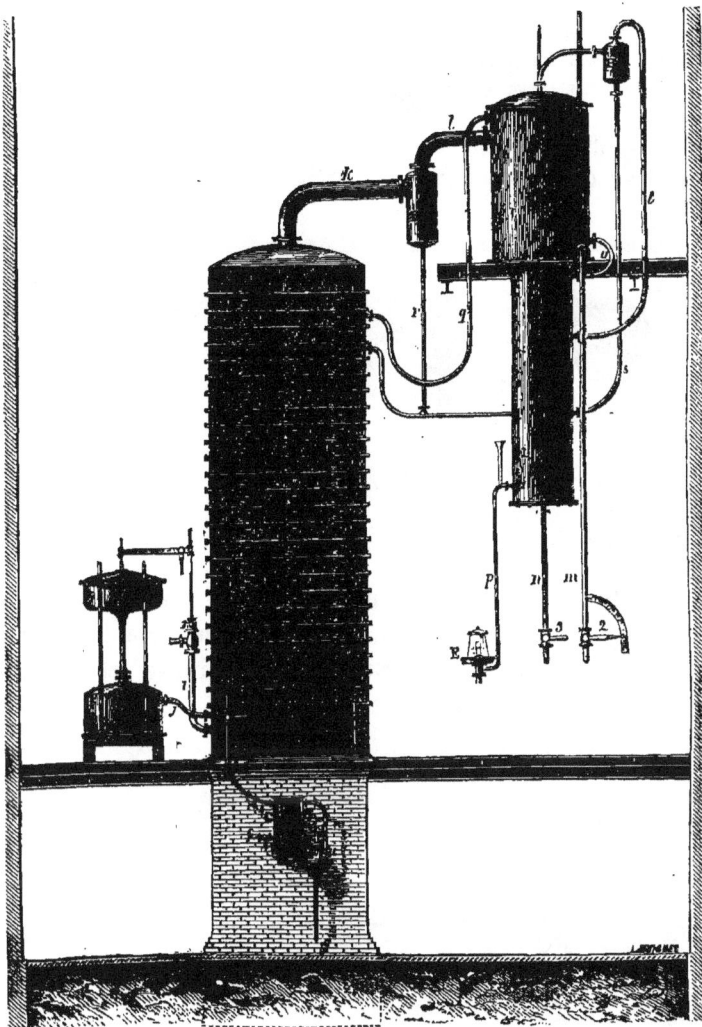

Fig. 38. — Vue en élévation de la colonne distillatoire rectangulaire montée aux Moëres françaises, chez M. René Collette, pour un travail quotidien de 250,000 kilog. de betteraves.

m. — Tuyau d'alimentation des jus fermentés vers les chauffe-vins.

n. — Tuyau d'eau froide.

1. — Soupape de vapeur de chauffage.

2. — Robinet des jus fermentés.

3. — Robinet d'eau froide.

4. — Robinet des vapeurs sortant des vinasses pour se rendre au serpentin d'épreuve.

5. — Niveau d'eau du soubassement de la colonne.

6. — Robinet d'eau froide servant le serpentin d'épreuve.

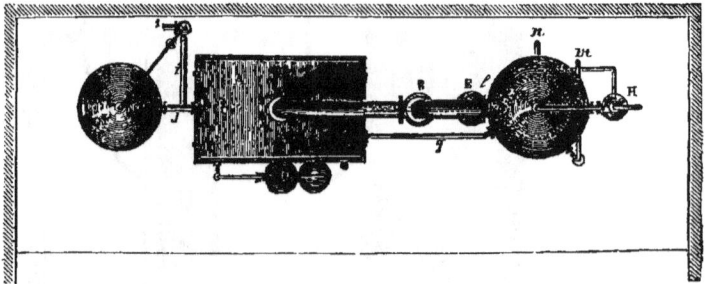

Fig. 39. — Vue en plan de l'appareil distillatoire rectangulaire de M. D. Savalle.

Nous établissons aussi ce système complétement en cuivre rouge (voir fig. 5, page 36). Le tableau suivant donne le tarif comparatif des appareils entièrement en cuivre rouge et de ceux construits partiellement en fonte.

§ II. — **Prix des colonnes distillatoires en cuivre ou en fonte de fer et cuivre.**

NUMÉROS des DIMENSIONS	PRODUCTION — VOLUME DE VIN RICHE DE 3 A 4 0/0 (1) distillé par jour de 24 heures.	PRIX DE BASE DES APPAREILS EN CUIVRE ROUGE variant avec le cours des métaux.	PRIX DE BASE AVEC COLONNE EN FONTE, CHAUFFE-VIN RÉFRIGÉRANT ET RÉGULATEUR DE VAPEUR EN CUIVRE.
1	300 hectolitres.	6,000 francs.	5,300 francs (2)
2	400 —	7,500 —	6,500 —
3	500 —	9,000 —	7,500 —
4	600 —	10,500 —	8,500 —
5	700 —	12,000 —	9,500 —
6	800 —	13,500 —	10,500 —
7	900 —	15,000 —	11,500 —
8	1,000 —	16,500 —	12,500 —
9	1,100 —	18,000 —	13,500 —
10	1,200 —	19,500 —	14,500 —
11	1,600 —	26,000 —	18,500 —
12	2,000 —	32,000 —	23,500 —
13	2,500 —	37,500 —	27,500 —
14	3,600 —	52,000 —	40,000 —
15	4,500 —	65,000 —	50,000 —

Si l'appareil est pour distiller les vins, les jus de betteraves ou toute autre fermentation claire, l'appareil se compose comme l'indique la figure 38.

Si l'appareil est pour distiller les mélasses de sucreries de betteraves avec production de potasse, il faut y ajouter un chauffage tubulaire (voyez fig. 5), qui est facturé en plus. Si enfin l'appareil est pour distiller les grains par matière pâteuse, il faut y ajouter le prix des trous de bras pour nettoyage, des plateaux, et celui du tube de pression pour la sortie des vinasses.

---

(1) Nos appareils distillent en Espagne des vins riches de 12 à 14 0/0 d'alcool, mais, en ce cas, le volume de vin distillé est moindre, bien entendu.

(2) A ces prix s'ajoutent l'emballage, la tuyauterie et la robinetterie, qui sont facturées à part et en sus du prix de l'appareil.

(3) Au moment où nous publions cette notice, les cours des métaux nous font augmenter ces prix de base de 15 0/0.

§ III. — Renseignements relatifs à l'installation des colonnes.

Pour installer une colonne distillatoire, il est indispensable de savoir :

1º Ce qu'elle emploiera de chevaux-vapeur pour son chauffage ;

2º Ce qu'il lui faudra d'eau froide par heure, pour la réfrigération des produits.

Nos lecteurs trouveront ces renseignements dans le tableau suivant :

Puissance de chauffage et de réfrigération pour les colonnes distillatoires.

NUMÉROS DE DIMENSION DES COLONNES.	CHEVAUX-VAPEUR PRIS A 1ᵐ,45 DE SURFACE DE CHAUFFE PAR CHEVAL (1).	VOLUME D'EAU FROIDE (à 12º centigrades) DÉPENSÉ PAR HEURE EN OPÉRANT SUR DES VINS CONTENANT 4 0/0 D'ALCOOL.
1	12 chevaux.	900 litres.
2	15 —	1,200 —
3	19 —	1,500 —
4	23 —	1,800 —
5	27 —	2,100 —
6	30 —	2,400 —
7	35 —	2,700 —
8	40 —	3,000 —
9	42 —	3,300 —
10	45 —	3,600 —
11	60 —	4,800 —
12	75 —	6,000 —
13	95 —	7,500 —
14	135 —	10,800 —
15	175 — (2)	13,500 —

(1) En France, nous employons généralement des générateurs timbrés à 5 atmosphères (soit 60 livres de pression). Nos appareils fonctionnent aussi avec les générateurs timbrés à 2 atmosphères seulement (soit 24 livres) ; mais en ce cas, il est utile de nous en prévenir, afin que nous mettions la soupape de vapeur du régulateur en proportion.

(2) Ces générateurs sont plus que suffisants ; mais il faut prendre en considération que nos appareils font au besoin un travail supérieur à celui indiqué au tableau ; et que nous avons pour habitude d'employer des générateurs trop forts pour obtenir ainsi une parfaite utilisation du combustible.

§ IV. — **Fonctionnement de la colonne distillatoire rectangulaire.**

Pour mettre en train cet appareil, il faut :

1º Mettre en mouvement la pompe à jus fermentés et celle à eau froide pour emplir les réservoirs supérieurs ;

2º Emplir d'eau froide le réfrigérant D ;

3º Emplir de jus fermentés le chauffe-vins C, et tous les plateaux de la colonne A ;

4º Fermer les robinets d'alimentation d'eau (3) et de jus fermentés (2) ;

5º Mettre la vapeur pour chauffer graduellement tous les plateaux de la colonne, et pour chasser sans secousses l'air contenu dans le chauffe-vins et dans le réfrigérant ;

6º Lorsque l'alcool brut coule à l'éprouvette E, il faut ouvrir le robinet d'eau (3) du refrigérant ;

7º Puis ouvrir petit à petit le robinet d'alimentation des jus fermentés (2).

8º Ici se présente une difficulté : il faut, à la mise en train de l'appareil, chercher le point d'alimentation convenable des jus fermentés, pour que d'une part il ne soit pas trop fort et n'arrête pas la production des alcools à l'éprouvette, et pour que, d'autre part, l'alimentation de ces jus soit assez forte pour maintenir au produit le degré alcoolique convenable. C'est un point d'alimentation à déterminer une fois pour toutes, au moyen du robinet d'alimentation (2) et du cadran indicateur qui y est fixé.

9º Pour pouvoir bien déterminer ce point d'alimentation, il est indispensable que le réservoir à jus fermentés soit constamment plein au même niveau. Il faut, par conséquent, que la pompe alimente ce réservoir constamment et que le trop-plein de jus de ce réservoir fonctionne toujours, en retournant à l'aspiration de la pompe.

10º Pour ce qui est de la vapeur de chauffage, il est utile de

la donner modérément, en commençant le travail et jusqu'à ce
que les alcools arrivent la première fois à l'éprouvette ; ensuite le
régulateur de vapeur fonctionne, et on n'a plus à s'en préoccu-
per. Il faut alors appliquer son attention seulement à l'alimentation
de la matière fermentée.

11° Il faut pour le bien, que l'appareil ait toujours assez de
vapeur pour que le régulateur fonctionne.

12° Pour terminer le travail, on arrête d'abord l'alimentation des
matières fermentées, en fermant le robinet (2), puis, quelques
instants après, on arrête la vapeur de chauffage ; la colonne reste
ainsi garnie de matières pour recommencer le travail le jour suivant. Si au contraire on arrête le samedi, il est préférable de
laisser la vapeur chauffer la colonne plus longtemps sans alimenter
de jus pour faire venir à l'éprouvette tout l'alcool qu'elle contient.

CHAPITRE HUITIÈME

Régulateur automatique du chauffage des colonnes distillatoires et des rectificateurs Savalle.

Voici comment s'est exprimé un homme pratique, M. J. Pezeyre, au sujet de notre régulateur automatique à vapeur, dans une de ses communications à la Chambre syndicale des distillateurs de Paris :

« Le régulateur est une application des lois de l'hydraulique essentiellement nouvelle, introduite par M. Savalle dans les appareils de distillation. Il a pour effet de régulariser l'emploi de toutes les forces et toutes les fonctions, et de maintenir les phénomènes qui s'accomplissent dans tous les organes de l'appareil dans des conditions de température et de pression constantes et indispensables à l'homogénéité, à la bonté du produit et à la vitesse de son écoulement. On évite ainsi de troubler l'opération par des coups de feu violents, dont on n'est jamais maître avec les appareils ordinaires. *Un appareil de distillation privé de régulateur est comme un navire sans boussole, exposé à toutes les chances d'erreurs et d'accidents.* »

Ce régulateur, représenté par la figure 40, est le guide indispensable de nos appareils, en ce sens qu'il maintient efficacement la pression, la température et la vitesse de circulation des liquides dans les limites les plus favorables au dégagement de l'alcool et à l'élimination des éléments étrangers qui le souillent.

Il a pour organe principal un flotteur C, qui a pour fonction d'ouvrir ou de fermer un robinet de vapeur adapté sur la conduite du chauffage, et dont la puissance, augmentée par l'intermédiaire du levier D, atteint 400 kilogrammes, de sorte

que ni la poussière, ni l'usure du robinet de vapeur ne
puissent empêcher son action (les fig. 40 et 41 représentent le

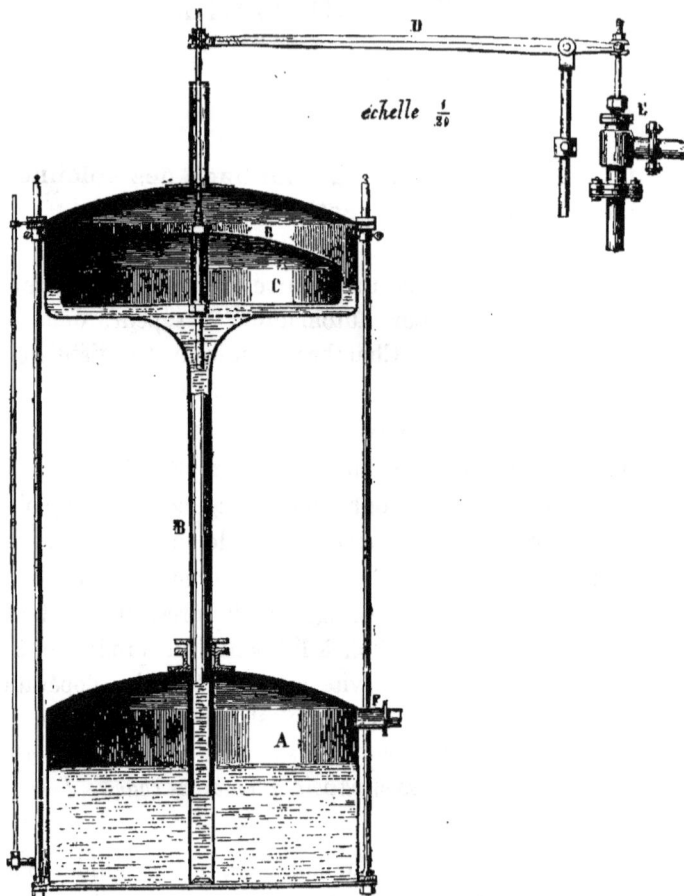

Fig. 40. — Régulateur automatique de chauffage des appareils Savalle.

régulateur de vapeur avec sa soupape). On verse de l'eau froide
dans la chaudière inférieure A, jusqu'au niveau de la tubulure F,
par laquelle la pression de vapeur dans l'appareil à régler se
transmet au régulateur, par laquelle aussi s'échappe le trop-plein
d'eau de la bâche inférieure.

Afin d'assurer toute sécurité à notre régulateur, nous avons
ménagé en A une chambre d'air qui forme matelas entre la
vapeur de pression et la couche d'eau ; sous cette pression, l'eau
monte par le tube d'ascension B dans la bâche supérieure,
soulève à un moment donné le flotteur C, et met en jeu le levier
qui ouvre ou ferme la soupape de distribution. Ajoutons que la
soupape (fig. 41) est d'une construction toute spéciale ; l'ensemble
y est ménagé de telle sorte que la pression se fait équilibre à elle-
même, dans une certaine proportion.

Ainsi la soupape, qui a, dans les grands appareils, 6 centimètres
de diamètre, ou une surface de 28 centimètres carrés, ne supporte
en réalité que sur 2 centimètres carrés la pression de la vapeur,

Fig. 41. — Soupape de vapeur du régulateur.

et peut être facilement soulevée par le flotteur. La pratique de
chaque jour prouve que ce mécanisme très-simple règle la
pression à un centimètre d'eau près (*soit à une précision d'un
millième d'atmosphère*). Les appareils qui en sont munis, au nombre
de plus de 500, et qui fonctionnent avec une régularité parfaite,
produisent un jet continu et abondant d'alcool, à un titre toujours
élevé et sensiblement constant ; ils dispensent pour la conduite
de nos appareils d'hommes spéciaux, toujours difficiles à rencontrer
dans les campagnes.

Comme pièces à l'appui, nous allons faire connaître où et comment a pris naissance le régulateur qui nous occupe, avec les causes des transformations qu'il a subies.

Ce fut en 1846, à la suite d'un grave accident survenu dans l'importante distillerie que le fondateur de notre maison, M. A. Savalle père, qui a consacré toute son existence au perfectionnement de cette importante industrie, possédait à la Haye, qu'il sentit la nécessité d'établir des appareils de sûreté pour empêcher le retour d'explosions semblables à celle dont il venait d'être le témoin et dont il avait manqué, avec son jeune fils, M. D. Savalle, d'être victime. La cause de l'accident était l'imprudence d'un ouvrier distillateur, qui, contrairement à la recommandation qui lui avait été faite, avait donné trop de vapeur à la chaudière qu'il nettoyait. Le couvercle de cette dernière, maintenu au moyen du joint à pinces, s'était enlevé, et la force d'explosion avait été si considérable, que le plancher d'un étage supérieur, quoique fortement chargé, s'était soulevé.

Après cet accident, M. A. Savalle fit appliquer aux chaudières de tous ses rectificateurs *des manomètres à air libre, pour indiquer la pression et servir de guide aux distillateurs.* Ces manomètres servirent pendant plusieurs années à indiquer seulement la pression intérieure des chaudières.

Lorsque M. Savalle père organisa sa distillerie à Saint-Denis (Seine), ces manomètres facilitèrent l'éducation à faire des ouvriers distillateurs ; car la plupart de ceux qui se présentaient n'étaient au courant que de l'usage de l'appareil Cail, dont on ne se sert plus aujourd'hui.

M. D. Savalle fils a créé le *régulateur automatique,* et nous croyons qu'on lui saura gré d'une innovation qui rend d'une manière si complète des services qui jusque alors étaient inconnus. Ce régulateur a subi déjà plusieurs transformations, et depuis quelques années, nous avons fait un instrument véritablement pratique, à l'abri de tous arrêts par insuffisance de soins; aussi tous nos anciens clients s'empressent d'adopter ce dernier système.

CHAPITRE NEUVIÈME

LES RAFFINERIES D'ALCOOL.

§ I. — Rectification des alcools par le système et les appareils Savalle.

Le sucre brut, engagé dans sa mélasse, est « l'image de l'alcool emprisonné dans les flegmes ». Le sucre a besoin de raffinage pour acquérir la blancheur et la suavité de goût nécessaires. Les flegmes réclament aussi une épuration, une espèce de raffinage, connue sous le nom de *rectification.* Le sucre de betteraves, bien raffiné, est identique au sucre de canne également bien raffiné ; *de même, l'alcool d'industrie, bien rectifié, est identique à l'esprit-de-vin.*

La rectification a pour but de séparer l'alcool de tous les corps qui lui sont intimement unis par les lois de l'affinité chimique, ou associés à titre de simple mélange.

Une croyance généralement répandue, et qu'on ne saurait trop combattre, soutient que les alcools industriels provenant de la distillation des grains et des racines ne sauraient jamais valoir les alcools provenant de la distillation du vin. Cette prétention était exacte avant l'emploi des appareils Savalle, mais aujourd'hui ce n'est plus le cas, nous en avons la preuve dans ce fait, que souvent on préfère les 3/6 du Nord bien rectifiés aux 3/6 du Midi, qui ne subissent qu'une simple distillation toute primitive. Il est, d'ailleurs, parfaitement bien reconnu par le monde scientifique, que tous les alcools, de quelque provenance qu'ils soient, sont identiques lorsqu'ils sont parfaitement rectifiés.

Dès 1857, la maison Savalle construisit pour la France et pour l'Allemagne, un grand nombre de rectificateurs très-appréciés à cette époque, surtout à cause de leur puissance de travail, qui, comparée à celle des appareils employés alors, permettait de quintupler la production. Ce rectificateur avait sa chaudière à plusieurs compartiments, et fonctionnait par injection directe des vapeurs dans le liquide à rectifier. Il avait déjà une colonne à plateaux perforés, mais cette perforation était imparfaite, elle a été l'objet d'une étude sérieuse, et des modifications essentielles y ont été apportées tout récemment. Le condenseur et le réfrigérant ont été totalement transformés. L'appareil a enfin été muni d'un bon régulateur de vapeur, d'une nouvelle éprouvette et, dans ces derniers temps, d'un régulateur de condensation.

Le rectificateur Savalle, tel qu'il s'établit aujourd'hui, doit être considéré comme très-remarquable, tant sous le rapport du système que pour les détails de la construction. Les moindres détails ont été revus et améliorés, et cela doit paraître naturel quand on considère le vaste champ d'observations fourni à la maison Savalle, par l'installation de plus de 300 *appareils de rectification*, dont les résultats ont été progressivement consignés dans ses annales.

Ces appareils sont appliqués à la rectification des alcools de toute nature : ils rendent un grand service à l'hygiène publique, en séparant de l'alcool les *éthers et les alcools amyliques*, qui infectent l'alcool brut et en rendent la consommation malsaine et dangereuse. En effet, des expériences médicales ont constaté que l'alcool éthérique agit sur le cerveau, et que l'alcool amylique a en outre une action violente sur l'estomac. Ces deux causes de malaise et de maladies se trouvent aujourd'hui écartées, et la consommation des eaux-de-vie et des liqueurs fabriquées avec de l'alcool bien rectifié est utile à la digestion et à la santé, lorsqu'on en fait un usage modéré. Un bon verre d'eau-de-vie ou de rhum, mis dans le thé, est souvent le remède le plus efficace pour éviter les conséquences dangereuses d'un refroidissement.

— La figure 42 représente la vue en élévation d'un rectificateur Savalle n° 7, dont voici la légende :

RECTIFICATEUR SAVALLE

Fig. 42. — Appareil perfectionné de M. D. Savalle fils et Cᶦᵉ, appliqué à la rectification des alcools de toutes provenances (dimension n° 7).

A. Chaudière en cuivre ou en tôle recevant l'alcool à rectifier. Cet alcool y est ramené, par une addition d'eau, à 40 ou 45 degrés centésimaux, afin de faciliter la séparation des huiles essentielles infectes. — La chaudière contient intérieurement un serpentin chauffeur, dont la disposition nouvelle facilite la sortie des vapeurs condensées, et donne une résistance plus grande à cette partie de l'appareil.

B. Colonne à diaphragme où s'effectuent des distillations multiples.

C. Condenseur analyseur tubulaire dont la fonction est de retourner à l'état liquide vers la colonne A les deux tiers des vapeurs alcooliques qu'on lui soumet à analyser, et à laisser passer l'autre tiers de ces vapeurs (dont le degré alcoolique est élevé) au réfrigérant.

D. Réfrigérant qui liquéfie et refroidit l'alcool rectifié.

E. Régulateur automatique réglant le chauffage de l'appareil et la production des vapeurs alcooliques avec la précision d'un millième d'atmosphère.

F. Éprouvette pour l'écoulement du 3/6 rectifié, indiquant le volume de produit écoulé par heure.

G. Dôme de vapeur pour servir, à la fin des opérations, à la séparation et à l'élimination des huiles essentielles lourdes.

H. Réservoir à eau froide, à établir, pour alimenter le réfrigérant et le condenseur.

I. Réservoir à alcool brut, où sont renvoyés aussi les alcools secondaires.

g. Col de cygne des vapeurs alcooliques.

h. Rétrograde des alcools faible.

i. Passage des alcools forts vers le réfrigérant.

j. Communication de pression aux régulateurs.

k. Alimentation des eaux froides de condensation.

l. Conduite des vapeurs de chauffage de l'appareil.

m. Trop-plein des eaux chaudes.

n. Conduite pour charger d'alcool brut la chaudière du rectificateur.

o. Trop-plein du réservoir à eau, fonctionnant pour le maintenir toujours plein et obtenir l'alimentation de l'eau à une pression constante.

1. Robinet spécial au régulateur de vapeur.

2. Sortie des eaux de condensation de vapeur de chauffage.

3. Robinet double servant à emplir et à vider la chaudière.

4. Robinet régulateur pour admission de l'eau de condensation.

5. Robinet d'écoulement des alcools secondaires.

6. Robinet d'écoulement des éthers.

7. Robinet d'écoulement des alcools bon goût.

8. Reniflard pour empêcher l'écrasement de l'appareil par le vide.

9. Trou d'homme pour visiter le serpentin de chauffage de la chaudière.

10. Niveau d'eau indiquant le volume de liquide contenu dans la chaudière.

11. Thermomètre spécial aux appareils Savalle, indiquant les différentes phases de l'opération et le moment où il faut la terminer, en soutirant les huiles lourdes et infectes séparées par le travail.

12. Robinet de décharge des huiles essentielles.

Les appareils perfectionnés, dont la valeur industrielle est bien établie, excitent toujours l'envie et l'action déloyale des contrefacteurs, surtout dans les pays où le législateur a commis une grave erreur en établissant la durée des brevets si courte qu'elle n'est en réalité qu'un piége tendu aux inventeurs pour leur faire dévoiler les secrets de leur invention. L'Allemagne est dans cette situation ; aussi y a-t-on vu les fabricants grands et petits annoncer qu'ils construisaient des appareils Savalle. Il en est résulté que l'industrie de la distillation dans ce pays a dépensé des sommes considérables à l'achat d'appareils défectueux, et que ces usines, montées dans de mauvaises conditions, produisent mal, à grands frais et sans réaliser les bénéfices proportionnés aux capitaux engagés dans l'affaire. Tous les distillateurs de ce pays n'ont cependant pas commis cette erreur ; les plus grandes maisons, telles que la maison Wrede et la maison Gilka, de Berlin, la maison Höper, de Hambourg, se sont adressées directement à l'inventeur. Il en a été de même de la maison Hermann Sand, qui a installé en 1874 une belle raffinerie d'alcool à Leipzig (Saxe).

Un des écrivains des plus distingués, des plus versés dans l'art de la distillation, M. le docteur Schwartzwaller, auteur des meilleurs ouvrages de distillation et directeur du *Journal des distillateurs* en Allemagne, a visité le bel établissement de M. H. Sand. Son admiration pour cette belle installation l'a porté à en faire la description dans le journal allemand *Leipziger Tagblatt und Anzeiger* (numéro du 4 mars 1875). Nous lisions récemment ce travail remarquable, qui nous a semblé valoir la peine d'être traduit et mis sous les yeux de nos lecteurs.

Il émane d'un esprit droit, qui a la franchise de dire la vérité à ses compatriotes. Nous ne saurions trop nous joindre aux réflexions que lui suggèrent les nombreuses contrefaçons dont il a été le témoin ; il montre parfaitement que les contrefacteurs

nuisent à l'industrie, parce qu'ils ne lui procurent que les semblants des progrès réalisés, — semblants qui trompent les industriels, et les mènent tôt ou tard à la ruine au lieu de les enrichir.

Voici la traduction du rapport de M. le docteur Udo Schwarz-
wäller.

§ II. — La nouvelle raffinerie d'alcool de Leipzig.

Il y a une vingtaine d'années qu'on a importé à Leipzig une
nouvelle industrie qui, dans ce bien court espace de temps, a
fait de Leipzig, pour l'article dont il s'agit, un des entrepôts de
l'empire d'Allemagne. Nous voulons parler de la fabrication de
l'alcool. C'est dans la rue des Moulins qu'elle a pris naissance,
avec un petit appareil d'invention allemande, construit par Ferd.
Hallstrom. Un autre établissement s'éleva par la suite dans la rue
des Moulins, fut transféré rue Zeitz, un autre encore fut créé dans
le faubourg de Floss, et un autre rue Élise, de sorte que quatre
raffineries d'alcool vinrent offrir un bon débouché aux propriétaires des distilleries rurales situées dans un vaste rayon autour
de Leipzig.

Il a été, depuis des années, bien des fois question de l'importance de cette branche d'industrie, tant dans ce journal que dans
les réunions publiques, et il ne nous reste plus rien à dire sur ce
sujet. Ces lignes n'ont d'autre but que de signaler la création,
depuis novembre dernier, d'une nouvelle fabrique d'alcool, celle
de M. H. Sand, place Floss.

L'auteur de cet article ne songe nullement à déprécier, dans
la moindre mesure, les établissements déjà existants. Ceci dit, je
ne puis m'abstenir de déclarer que le nouvel établissement l'emporte incontestablement sur les autres. Il ne faut pas en chercher
la raison ailleurs que dans la date récente de sa création. —
Mais, en quoi consiste la supériorité de la raffinerie de M. Sand ?
Nous sommes conduits ici à examiner la question successivement

*au point de vue technique, au point de vue de la salubrité publique, et
au point de vue architectural.*

Au point de vue technique, nous ferons observer que s'il fonctionne ici d'autres appareils de distillation d'une construction ana-
logue, on n'en trouverait guère qui fonctionnent d'une manière
aussi parfaite que celui de la place Floss. Une chaudière de grande
dimension est remplie d'eau-de-vie et chauffée à la vapeur. Cette
chaudière est surmontée « d'une colonne » à trente-deux plateaux,
provenant de la maison Savalle, de Paris. Au-dessus se trouve le
condensateur, et, près de la colonne, le régulateur de vapeur, le
régulateur de condensation, le réfrigérant et éprouvette pour les
produits de la distillation.

Les appareils de distillation des autres fabricants d'alcool sont
aussi construits sur ce modèle. Mais, lui seul, l'appareil de M. Sand,
est un appareil construit par Savalle, tandis que tous les autres
appareils de ce genre ont été imités ici, soi-disant sur le modèle
français, par des fabricants allemands. Or, *il a pu arriver que
ceux-ci ne se soient pas assimilé complétement l'esprit du système,
qu'ils n'aient pas parfaitement compris ce que cette invention a d'ingénieux et de particulier, ou qu'ils n'en aient pas tenu un compte
suffisant.* Et il faut bien qu'il en soit ainsi, car le régulateur de
vapeur dont nous venons de parler, et dont le rôle est si important, la plupart du temps ne fonctionne pas.

L'éprouvette pour l'alcool fin est très-ingénieusement disposée ;
elle permet au moyen d'un robinet à triple canal, la séparation
des différents produits de la distillation ; les deux qualités infé-
rieures ne forment du reste qu'une minime partie de la totalité.
*L'appareil, soumis à l'action des régulateurs, fonctionne si sûrement
qu'une fois en train, il peut se passer de toute main-d'œuvre et de
toute surveillance, pourvu qu'on ne le laisse manquer ni d'eau, ni de
vapeur.* La chaudière et la colonne sont reliées par un dôme,
de manière à prévenir toute résorption qui s'opérerait de celle-ci
dans celle-là. Après chaque distillation, la colonne est débar-
rassée, au moyen d'un courant d'eau froide, des matières à
odeur désagréable qui s'y arrêtent. Tout ce matériel de fabrication est installé au premier étage ; au rez-de-chaussée, s'emplis-

sent les futailles, de sorte qu'on ne pompe l'alcool rectifié que lorsqu'on veut avoir recours aux récipients supplémentaires qui se trouvent dans les caves.

La chaudière à vapeur est munie de deux bouilleurs placés au-dessus du foyer, et où s'opérerait presque exclusivement la génération de la vapeur, si les gaz résultant de la combustion n'avaient à traverser une chaudière placée en arrière et munie d'un grand nombre de tubes de 6 à 7 centimètres de diamètre, où ils abandonnent tout ce qui leur reste de chaleur. Ces chaudières sont, l'une et l'autre, munies d'un dôme, et communiquent avec un même récipient à vapeur, qui sert à l'alimentation de la machine.

C'est aussi la maison de Paris qui a fourni la chaudière, et M. Sand n'a qu'à s'en louer sous plus d'un rapport. — Les constructeurs auraient souvent occasion de rappeler que l'on peut parfaitement concilier l'amour de la patrie avec la justice à rendre, s'il y a lieu, aux mérites de l'étranger. *Ici nous nous trouvons en présence de M. Savalle, à qui un seul appareil de sa fabrication a suffi pour démontrer à Leipzig que l'on ne peut guère espérer de trouver un appareil de distillation plus ingénieusement construit, fonctionnant plus régulièrement, et qui fournisse la même quantité de produits avec aussi peu de main-d'œuvre.*

Ce qui assure à l'appareil Savalle une supériorité incontestable, ce n'est pas seulement la qualité des alcools qu'il fournit, et leur degré élevé ; tout est combiné avec une précision si mathématique, qu'en cas d'une irrégularité quelconque imposée au fonctionnement, il refuse tout service ; *il détermine lui-même, avec une exactitude incomparable, ce qu'il lui faut d'eau et de vapeur ;* mais il y a autre chose encore : — « l'éprouvette » dont nous avons parlé plus haut permet de constater si le fonctionnement est normal, — et combien il a par heure d'alcool fabriqué. — Cette « éprouvette » constitue une partie importante de l'appareil Savalle et, jusqu'à présent, on n'a pas encore cherché à l'imiter.

Passons *au point de vue de la salubrité publique.* Nous devons reconnaître que la cheminée de la nouvelle fabrique ne répand pas, comme ses congénères, des torrents de fumée. Sa fumée est, d'habitude, presque nulle ; elle s'accroît un peu, mais passagèrement, lorsqu'on met du charbon. D'autre part, si l'autorisation de construire cette fabrique a été accordée, c'est à la condition que l'on parerait, au moyen de courants d'eau chaude, à tout encombrement des égouts, et que l'on éviterait le plus possible d'incommoder le voisinage par des émanations désagréables. Ces deux conditions ont été remplies. On a creusé dans la cour de la distillerie un vaste bassin où les liquides s'écoulent et se refroidissent avant de passer dans les égouts. Ce bassin reçoit d'ailleurs des eaux froides de l'Eichstatte, et comme l'établissement est muni, en outre, d'un système de gradins pour le refroidissement des eaux chaudes, il s'ensuit que la manière dont il est satisfait à la première condition ne laisse rien à désirer. Quant aux odeurs désagréables ; la construction même de l'appareil les rend à peu près insensibles, et il se trouve ainsi démontré que les raffineries d'alcool peuvent, sans le moindre inconvénient, s'installer dans l'intérieur des villes.

Il nous reste quelque chose à dire *au point de vue architectural*. Dans une ville comme notre cher Leipzig, on fait volontiers quelque chose pour l'aspect extérieur des constructions. Cela est dû à une diffusion assez générale du sentiment artistique, et quiconque est en mesure de donner satisfaction, lorsqu'il bâtit, à ce goût de la population, ne devrait pas s'en faire faute. C'est ce qu'ont bien compris MM. Lüders, architecte, et Backaus, entrepreneur ; ils ont su, dans la construction de la fabrique, combiner dans la meilleure mesure l'agréable, le beau, le commode, l'utile et le solide. La nature marécageuse du terrain rendait les constructions difficiles et dispendieuses. Nous n'avons pas à nous occuper de ce dernier point, mais nous devons reconnaître que l'édifice entier — fabrique, fourneaux, cheminée, magasins — est parfaitement réussi. Quant à la maison d'habitation, elle consiste simplement en une ancienne construction que l'on a réparée et agrandie.

D^r UDO SCHWARZWALLER

(Extraits du supplément n° 63 du *Journal de Leipzig*, 1875.)

§ III. — Avantages résultant de l'emploi de notre nouvel appareil de rectification sur ceux des autres systèmes.

Les avantages résultant de l'application de notre rectificateur perfectionné sont nombreux; ils expliquent la faveur que lui accordent les distillateurs bien renseignés. Notre système réduit à un seul appareil (car nous ne sommes pas limités pour la puissance à lui donner) l'outillage de rectification des distilleries, autrefois si compliqué et si dispendieux. Cette simplification facilite la surveillance du travail et évite de nombreuses causes d'usure, de réparations et d'incendie. Outre ces avantages d'installation, il en est d'autres dans le travail qui sont plus importants encore.

1° AVANTAGE SUR LA MISE EN TRAIN.

En commençant les opérations, *l'appareil est vide et parfaitement propre*, contrairement aux autres, qui ont tous les plateaux de leur colonne *chargés d'eau sale et d'huiles essentielles*. Cette différence, qui peut sembler peu importante à première vue, constitue un perfectionnement très-grand ; car, pour débarrasser d'impureté et d'eau une ancienne colonne, il faut, en commençant chaque opération, cinq heures de travail, cinq heures pendant lesquelles on dépense en pure perte le charbon et la main-d'œuvre; de plus on renvoie par la condensation, pendant ces cinq heures, dans la chaudière du bas des produits impurs, qui vont gâter les alcools à rectifier.

2° AVANTAGE SUR LA CONDUITE DU CHAUFFAGE.

Le *fonctionnement* n'est plus laissé au bon vouloir de l'homme chargé de la surveillance des appareils : *il s'opère automatiquement* et avec une exactitude mathématique, l'appareil étant réglé de telle sorte que la production ne varie pas d'un litre par heure.

Cette régularité de production est le point le plus difficile, mais aussi le plus important à atteindre dans la rectification des alcools. En effet, lorsque l'on considère cette opération, elle consiste à produire trois unités de vapeurs alcooliques, pour les analyser dans un condenseur de manière à séparer une unité de vapeurs pures, en condensant les deux autres unités qui sont impures. Cette opération est si délicate qu'une irrégularité dans le fonctionnement de l'appareil, une alimentation trop intense de vapeurs, par exemple, détermine dans le condenseur une entrée de vapeur alcooliques supérieure à trois unités ; ce dernier ne peut condenser ce supplément de vapeurs impures, l'analyse est imparfaite, et les produits sont immédiatement chargés d'huiles essentielles. Admettons l'inverse, c'est-à-dire qu'on laisse l'appareil manquer de vapeur ; il en résulte dans le condenseur une admission de vapeur trop minime, de deux unités par exemple. Ces deux unités de vapeur se trouveront condensées, le travail de l'appareil sera interrompu pour un temps plus ou moins long, pendant lequel le combustible est dépensé en pure perte. *Le régulateur est donc indispensable, il économise du combustible et fait produire des alcools parfaits.* (Nous en avons donné la description à la page 133.)

3° QUALITÉ SUPÉRIEURE DES PRODUITS.

Par l'emploi de notre appareil, on produit des alcools plus fins et au titre élevé de 96 à 97 degrés centésimaux lorsque les autres colonnes ne produisent que des alcools ordinaires à 93 ou 94 degrés au plus.

L'élévation du titre de l'alcool donne la garantie qu'il est pur et bien débarrassé des huiles essentielles.

Cette qualité des produits fournis par nos appareils a été reconnue par les hommes de l'art, qui constatent aussi qu'ils sont plus hygiéniques et produisent un effet moins pernicieux sur ceux qui font abus de liqueurs fortes.

4° AVANTAGE POUR LE FRACTIONNEMENT DES PRODUITS.

La *fin des opérations* s'opère aussi d'une manière toute différente : dans nos appareils, elle *s'annonce* longtemps d'avance *par un instrument de précision* établi à cet effet. L'homme qui surveille et sépare les produits est donc ainsi à l'abri du danger qu'offrent les autres rectificateurs, de gâter le travail de toute sa journée par un instant d'inattention, en laissant, à l'instant où se termine l'opération, couler des 3/6 de mauvais goût dans la masse d'alcool fin produite. Notre indicateur fixe, et longtemps à l'avance, à l'ouvrier distillateur, au contre-maître de l'usine ou au patron, lorsqu'il vient à passer près des appareils, que dans deux heures, dans une heure ou dans dix minutes, l'opération sera terminée, et qu'il faudra faire couler les produits dans un réservoir autre que celui destiné aux produits fins.

On évite donc ainsi toute surprise; l'ouvrier n'a pas d'excuse à alléguer s'il n'est pas à son poste, *et le fractionnement des produits devient facile.*

5° FIN DES OPÉRATIONS SIMPLIFIÉES.

La fin d'une opération faite par une colonne de rectification ordinaire exige *deux ou trois heures de travail* pour en enlever l'alcool mauvais goût et une partie des huiles essentielles. Dans le fonctionnement de nos rectificateurs, ces trois heures de travail et de dépense de combustible se réduisent *à deux minutes :* le temps de fermer le robinet de vapeur et d'ouvrir le robinet pour vider le contenu de la colonne dans le réservoir aux huiles.

6° AVANTAGE SOUS LE RAPPORT DU RENDEMENT.

De la perfection du travail que nous venons d'énumérer, il résulte encore une économie notable de combustible; mais l'avantage le plus signalé est celui obtenu par la différence de rendement; *notre rectificateur ne perd que de 1 à 2 0/0 d'alcool,* comme l'atteste le tableau de travail ci-contre, qui nous est remis par un des plus grands distillateurs de France. *Les anciens appareils,* au contraire, *perdent,* par la lenteur de leur travail et leur construction défectueuse, *5, 6 et jusqu'à 8 0/0 d'alcool ;* il en résulte une augmentation de rendement en faveur de notre appareil de 3 0/0 d'alcool au moins, soit 2 francs par hectolitre de 3/6 fin.

RÉSUMÉ DES OPÉRATIONS

FAITES AVEC L'APPAREIL RECTIFICATEUR SAVALLE PENDANT LE MOIS D'OCTOBRE 1868, DANS L'USINE DE M. E. PORION, A WARDRECQUES, PRÈS SAINT-OMER (PAS-DE-CALAIS). (TRAVAIL FAIT SUR DES ALCOOLS DE MÉLASSES.)

JOUR du MOIS	CHARGEMENTS ALCOOL à 100°	3/6 MAUVAIS à RETRAVAILLER	3/6 MOYEN GOUT	3/6 EXTRA-FINS	3/6 MAUVAIS à RETRAVAILLER	PERTE	DURÉE de L'OPÉRATION
	hect. lit.	hect. lit.	hect. lit.	hect. lit.	hect. lit.	hect. lit.	h. m.
1	129 84	4 07	29 64	89 07	2 21	4 85	31 15
3	106 18	2 01	24 61	74 98	2 72	1 86	25 20
5	136 51	3 61	29 64	96 71	3 53	3 02	30 40
7	113 54	3 85	24 21	79 56	2 92	2 80	26 30
9	125 02	4 33	29 05	87 85	2 05	1 74	28 35
11	123 81	4 78	25 69	88 04	3 34	1 96	28 20
13	152 21	4 42	30 04	109 95	5 93	1 87	33 40
15	150 91	4 73	31 62	108 61	2 93	2 02	33 15
17	112 67	3 16	26 58	78 52	2 06	2 35	25 50
19	99 63	3 75	26 68	65 28	1 66	2 26	23 45
21	134 62	4 06	26 92	96 46	3 60	3 58	30 25
23	143 88	4 07	27 32	106 77	4 51	1 22	32 40
25	141 99	3 61	25 39	107 58	4 35	1 06	32 05
27	151 14	4 28	30 63	112 52	2 53	1 18	33 55
29	159 25	4 96	29 39	119 69	2 40	2 71	34 35
31	110 38	3 16	27 81	75 11	2 57	1 73	25 35
Totaux	2091 58	62 85	445 22	1496 70	49 31	37 21	476 25

MOYENNE ET RÉSUMÉ DU TRAVAIL D'UN MOIS.

3/6 mauvais goût à retravailler.	62 hect. 84 lit.	3 » 0/0
3/6 moyens......	445 — 82 —	21 28 0/0
3/6 extra-fins................	1.496 — 70 —	71 58 0/0
3/6 mauvais goût à retravailler.	49 — 31 —	2 36 0/0
PERTE..........	37 — 21 —	1 78 0/0 (1)
TOTAL........	2.091 hect. 28 lit.	100 » 0/0

L'appareil a coulé au bon goût pendant 273 heures 15 minutes, soit 576 litres 1/2 à 95 degrés par heure de coulage au bon goût.

_____

(1) Dans les appareils anciens à calottes, cette perte s'élève à 5, 6 et parfois 7 0/0.

En France on néglige dans le commerce de tenir compte de la *variation de volume* que la chaleur fait éprouver aux liquides spiritueux. En Hollande et dans plusieurs autres pays, on en tient compte, et cela avec raison, car entre les extrêmes, c'est-à-dire de 0 degré de température à 30 degrés, cette variation de volume s'élève, d'après les expériences faites par Gay-Lussac, à près de 3 0/0.

Les constatations de rendement ci-contre ont été faites sans avoir égard à cette variation de volume; c'est pourquoi nos clients, en Prusse et en Hollande, trouvent des pertes d'alcool à la rectification moins grandes que celles de 1,78 0/0, et cela se comprend.

Les alcools bruts ou flegmes qui viennent d'être fabriqués dans les distilleries sont habituellement à des températures très-élevées, qui varient de 20 à 30 degrés centigrades. — 1,000 litres de ces flegmes à 50 degrés alcooliques et à 30 de température ne constituent en réalité, à la température normale de 15 degrés, que 989 litres. Si donc on ne prend pas en considération la variation de volume, on commet une erreur dans le chargement de l'appareil de 11 litres par mille.

On se trompe aussi, mais l'erreur est moins sensible, si l'on ne constate pas la température des alcools produits par l'appareil pour en corriger le volume d'après cette température.

Ces détails suffiront aux praticiens pour leur démontrer l'importance qu'il y a pour eux à transformer leurs anciens rectificateurs et à adopter un travail plus économique et plus rationnel.

7° AVANTAGES SOUS LE RAPPORT DU PRIX DE L'APPAREIL.

Après avoir expliqué tous les avantages que présentent nos rectificateurs, avantages confirmés chaque jour par la pratique, nous donnons ci-dessous le prix de ces appareils qui, pour une production donnée, coûtent bien moins que ceux de tout autre système.

§ IV. — Prix des rectificateurs munis d'un régulateur automatique de chauffage.

NUMÉROS des DIMENSIONS	CONTENANCE des CHAUDIÈRES	VOLUME DE 3/6 FIN PRODUIT PAR 24 HEURES		PRIX APPROXIMATIF DES APPAREILS variant avec les cours des métaux (1)	
				AVEC CHAUDIÈRE en TÔLE DE FER	AVEC CHAUDIÈRE en CUIVRE ROUGE
	litres	litres	litres	francs	francs
1	2,400	500 à	550	4,500	5,400 (2)
2	4,000	1,000	1,200	5,500	6,500
3	7,500	2,000	2,200	8,000	11,500
4	11,000	3,000	3,300	11,500	15,000
5	15,000	3,600	4,000	14,500	18,500
6	18,000	4,500	5,000	18,500	24,500
7	22,500	6,500	7,000	20,500	27,500
8	27,500	8,000	8,500	25,500	35,000
9	35,000	10,000	11,000	32,000	43,000
10	45,000	12,400	13,000	40,000	53,000
11	60,000	17,000	18,000	54,000	72,500
12	73,000	20,000	21,000	63,000	85,000

§ V. — Renseignements relatifs à l'installation des rectificateurs.

Pour installer un rectificateur, il est indispensable de savoir :

1° Ce qu'il emploiera de chevaux-vapeur pour son chauffage ;

2° Ce qu'il lui faudra d'eau froide par heure pour la condensation et la réfrigération des vapeurs.

Nos lecteurs trouveront ces renseignements dans le tableau suivant :

(1) Au moment où nous publions cette notice, les cours des métaux nous font modifier ces prix de 15 p. 0/0.

(2) A ces prix s'ajoutent l'emballage, la tuyauterie et la robinetterie, qui sont facturés à part et en sus du prix de l'appareil.

Puissance de chauffage et de réfrigération pour les rectificateurs.

NUMÉROS des DIMENSIONS	CHEVAUX-VAPEUR PRIS A 1ᵐ,45 DE SURFACE DE CHAUFFE PAR CHEVAL	VOLUME D'EAU FROIDE (à 12° centigrades) DÉPENSÉ PAR HEURE
1	5 chevaux.	1,200 litres.
2	7 —	1,600 —
3	12 —	2,800 —
4	16 —	3,300 —
5	22 —	5,600 —
6	24 —	6,300 —
7	30 —	7,800 —
8	40 —	10,000 —
9	55 —	15,000 —
10	75 —	21,500 —

La quantité de chevaux-vapeur ainsi que les volumes d'eau du tableau ci-dessus sont un peu forcés ; mais il vaut toujours mieux avoir plus de puissance.

La consommation de charbon par hectolitre d'alcool fin à 90° est, dans les usines installées par nous dans les environs de Paris, de 38 à 40 kilogrammes, y compris la force mécanique nécessaire pour élever l'eau froide.

La dépense d'eau de nos rectificateurs est de 15 litres par litre d'alcool écoulé à l'éprouvette. Cette dépense est constante, si l'on emploie l'eau d'un puits qui est toujours à la température de 12 degrés centigrades. Si, au contraire, on emploie de l'eau de rivière très-froide en hiver, et chaude en été, la dépense d'eau par litre d'alcool varie de 6 à 20 litres par litre de produit écoulé à l'éprouvette.

Dans les localités élevées où l'eau est rare, nous employons pour les rectificateurs constamment la même eau, en la laissant refroidir la nuit dans des bassins creusés dans le sol.

Sur le littoral de la Méditerranée, en Espagne notamment,

nous avons fait employer par nos clients l'eau de mer pour condenser et réfrigérer l'alcool ; ils s'en trouvent très-bien.

Une des conditions essentielles de bonne marche de ces appareils, est de tenir en parfait état de propreté les surfaces de condensation et celles de réfrigération. Nous avons, à cet effet, établi
une brosse spéciale en caoutchouc ; cette brosse se fixe à une
tringle en fer, qui traverse complétement les tubes du condenseur et ceux du réfrigérant ; car, il est très-essentiel de ne pas
négliger les tubes de ce dernier, qui se chargent parfois de limon
amené par l'eau.

§ VI. — Nouvelle éprouvette-jauge, système unique.

Parmi nos récentes innovations, l'éprouvette-jauge, dont nous
allons entretenir le lecteur, est un des accessoires dont l'importance ne lui échappera pas. Nous l'appliquons non-seulement aux
appareils de rectification, mais aussi aux colonnes distillatoires
en fonte et en cuivre que nous construisons.

Par sa disposition, elle indique d'une manière exacte la quantité d'alcool que, par heure, peut produire l'appareil, si le travail est fait avec régularité, avantage très-important pour les
chefs d'usines qui, de cette manière, contrôlent facilement l'ouvrier chargé de cette opération.

Le principe de sa construction est basé sur l'écoulement différen-
tiel des liquides par un orifice donné, soumis à des pressions
différentes ; nous avons combiné depuis peu une nouvelle disposition pour cette éprouvette, et nous allons décrire ces modifications qui ont leur importance, car elles ajoutent à nos appareils,
déjà si dociles à conduire, un nouveau perfectionnement qui simplifie encore leur surveillance.

La figure 43 représente cette éprouvette dont voici la légende :

B. — Tuyau des alcools arrivant du réfrigérant.
C. — Tubulure en cuivre, munie d'un robinet de dégustation.
D. — Robinet de dégustation.

E. — Éprouvette en cristal, munie de son tube gradué.

F. — Orifice d'écoulement des alcools.

G. — Réservoir de distribution.

K. — Robinet d'écoulement des alcools mauvais goût, adapté à la partie inférieure du réservoir G.

I. — Robinet des alcools secondaires.

J. — Robinet des alcools de bon goût.

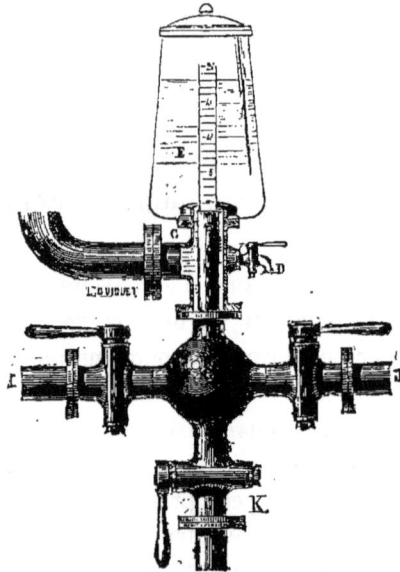

Fig. 43. — Nouvelle éprouvette-jauge, système Savalle.

Voici maintenant le fonctionnement de l'éprouvette. L'alcool, arrivant du réfrigérant par le tube B, emplit d'abord la tubulure C, autour du tube gradué F, baigne le petit robinet de dégustation D et monte, pour se déverser graduellement, par l'orifice d'écoulement pratiqué en F sur le tube gradué. Cet orifice est fixe et se trouve une fois pour toutes réglé à la mise en train de l'appareil. N'ayant qu'une section d'ouverture restreinte, le jet d'alcool ne peut y passer en entier sans qu'une pression ne l'y oblige.

Le niveau du liquide s'élève alors dans l'éprouvette jusqu'au point où la pression qu'il opère sur l'orifice d'écoulement devient assez forte pour faire débiter à l'orifice le volume d'alcool qui arrive. La nappe du liquide dans l'éprouvette subit ainsi des variations de niveau constatées par une graduation, dont chaque division correspond à un volume différent et indique la quantité de liquide écoulée par heure.

Les acools se rendent de l'éprouvette dans un réservoir de distribution G, muni de trois robinets. Le robinet K communique au réservoir qui doit contenir les alcools mauvais goût; le robinet I sert d'écoulement au réservoir des alcools secondaires; le robinet J donne accès aux alcools bon goût. L'on remarquera que ces trois robinets sont diposés de telle sorte que s'il s'échappait la plus petite quantité d'alcool mauvais goût, à la fin d'une opération, elle irait tomber au fond de la boule G, pour se rendre de là par le robinet K au réservoir mauvais goût.

Les perfectionnements que nous avons apportés dans la construction de cette éprouvette sont réels.

Par la fig. 43 représentant cette éprouvette, l'on voit que l'alcool y arrive par la partie inférieure, sans secousses, uniformément, au lieu d'entrer par le couvercle; cela évite une ouverture que nous étions forcés d'y pratiquer, et cela permet désormais de clore hermétiquement l'éprouvette; toute évaporation d'alcool est évitée. Elle a en outre le mérite d'être moins coûteuse que sa devancière, par suite de sa disposition nouvelle.

Un seul point reste à indiquer aux distillateurs et rectificateurs, qui nous feront la demande de cette nouvelle éprouvette, pour éviter d'être obligés de leur envoyer un de nos employés pour la régler une première fois. Ce point est le mode de détermination de l'ouverture qu'il faut donner à l'orifice d'écoulement F, pour chaque appareil différent recevant l'application de cette éprouvette.

L'observation indique que pour un débit de 100 litres à l'heure, l'ouverture de l'orifice d'écoulement représente 15 millimètres carrés; on calculera facilement, d'après cette donnée, l'ouverture d'écoulement à fixer pour chacun des appareils auxquels on appliquera l'éprouvette.

Cependant, cette proportion ne peut servir que d'approximation, par la difficulté qui existe à établir avec précision des orifices d'une si faible dimension.

Il faut donc établir le trou rond dans le tube F d'une section inférieure à cette proportion; il faut l'agrandir petit à petit pour arriver à la section voulue, sans la dépasser, car ce serait un travail à recommencer.

L'éprouvette ainsi réglée, on voit immédiatement si l'appareil s'emporte ou ralentit; dans le premier cas, le niveau du liquide montera en débordant par le haut du tube F ; dans le second, la nappe du liquide descendra de un ou plusieurs chiffres de la graduation.

Pour régler l'éprouvette, il faut tenir compte de deux conditions essentielles. La première exige que le réservoir d'eau de conden-sation soit toujours plein, et son niveau maintenu constant par un tube trop-plein qui fonctionne sans interruption, et cela afin d'avoir une condensation toujours égale.

La seconde condition demande que le distillateur ouvre le ro-binet d'eau de condensation exactement au point requis pour le bon fonctionnement de l'appareil.

Nous observerons que les effets produits par l'agrandissement de la section d'écoulement de l'alcool, ne sont pas immédiats ; qu'il faut quelques minutes pour en observer le résultat. Par conséquent, il faut agir petit à petit, et rester au moins 20 mi-nutes à chercher le point de régularité demandée, de manière à se rendre compte des effets de chaque agrandissement de l'ouverture d'écoulement; sans cela on dépasserait le point voulu, cas dans lequel on se verrait forcé de recommencer le travail en bouchant partiellement l'ouverture d'écoulement pratiquée en F.

Nous ferons encore remarquer que la moindre fluctuation qui aurait lieu dans l'alimentation d'eau de condensation, s'aperçoit immédiatement ; quand elle ne durerait qu'un instant, l'éprou-vette l'indique et permet aussitôt de porter remède à ce mal passager.

Nous avons fait construire depuis peu, par un habile fabricant d'instruments de précision, un nouvel alcoomètre, dont la tige restreinte s'adapte avec aisance à notre nouvelle éprouvette. Les degrés de son échelle commencent à 70° pour finir à 100, et ces degrés sont indiqués de manière à pouvoir les reconnaître très-facilement. Ce nouvel alcoomètre est d'une longueur d'environ 14 centimètres, tient peu de place et est moins susceptible de se briser. Nous en ferons l'envoi aux personnes désireuses de s'en servir.

§ VII. — Saturation des acides contenus dans les alcools bruts.

Depuis des années nous avions enseigné à nos clients l'emploi d'une certaine dose de *potasse perlasse* dans les flegmes ou alcools bruts avant leur rectification. Ce procédé donnait généralement de bons résultats ; parfois cependant, les résultats étaient négatifs. Après avoir étudié minutieusement ce travail, nous sommes arrivés à déterminer *que tous les flegmes ou alcools bruts contiennent, suivant leur provenance, des quantités d'acide différentes, et que non-seulement ces proportions d'acide diffèrent avec la provenance, mais encore que, dans une même usine, opérant toujours sur le même produit et fermentant de la même manière, les quantités d'acide contenues dans les flegmes diffèrent d'un jour à l'autre dans de grandes proportions.*

Nous en avons conclu que les doses de *potasse perlasse* à employer pour saturer ces acides doivent varier constamment, et que pour obtenir un bon travail, il fallait constater d'abord exactement l'acidité des flegmes pour les saturer à point.

Nous avons ainsi créé *une nouvelle méthode qui donne d'excellents résultats et dont nous nous sommes réservé la propriété par un brevet afin que nos clients seuls en aient la jouissance.* Nous leur réservons l'explication du procédé, et nous leur procurons sur leur demande les instruments nécessaires à l'opération. Ces instruments sont du reste très-simples; il est facile de s'en servir, et leur prix est peu élevé.

Voici les résultats assez intéressants que nous avons obtenus en constatant quelle est la quantité de perlasse nécessaire à saturer les acides contenus dans des alcools de diverses provenances.

Alcool de mélasses à 60 degrés   43 grammes par hectolitre.
—   garance à 75   —   6   —   —   —
—   grains   à 55   —   95   —   —   —
—   de raisin marc à 86 degrés   20   —   —   —
—   fécule de pommes de terre à 50 degrés, 86 gr. par hectol.
—   maïs   à 60 degrés   75 grammes par hectolitre.
—   betteraves 50   —   18   —   —   —
—   genièvre de Schiedam, 85 grammes par hectolitre.
—   eau-de-vie de cidre, 155 grammes par hectolitre.
—   3/6 Montpellier (non rectifié) à 86 degrés 41 gr. par hect.
—   alcool de lichen de Norwége, 22 grammes par hectolitre.
—   eau-de-vie de la Rochelle, 56 grammes par hectolitre.

Ces résultats prouvent que *tous les alcools, non rectifiés, de quelque provenance qu'ils soient,* sont plus ou moins chargés d'acides. En continuant nos recherches, nous avons trouvé que, pour un même alcool, ces quantités d'acide sont essentiellement variables.

La *potasse perlasse* est le saturant que nous employons de préférence ; on peut cependant le remplacer par d'autres produits tels que le carbonate de chaux, blanc d'Espagne bien lavé, la soude, etc. L'essentiel est toujours de n'en additionner aux flegmes que la quantité nécessaire à la saturation exacte des acides.

On nous a objecté que cette saturation des alcools bruts constituait une dépense, c'est vrai ; mais elle est largement payée par la qualité supérieure de l'alcool obtenue et par la différence de dépense de combustible qui résulte d'une production moins grande d'alcools inférieurs à retravailler.

§ VIII. — Conduite de la rectification.

Cette opération très-délicate exigeait avec les anciens appareils, de la part de l'opérateur, une attention très-soutenue.

Notre appareil a vaincu, par sa docilité, cette surveillance de

CONDUITE DE LA RECTIFICATION.

chaque instant, qui ne laissait pas que de beaucoup fatiguer l'ouvrier chargé de ce travail ; effectivement, les anciens appareils,
non munis d'un régulateur, précieux guide, souvent mal construits, abandonnés à eux-mêmes, ne peuvent fonctionner qu'imparfaitement.

Voici les points principaux à observer dans la mise en train de
notre rectificateur :

1º Saturation.

On charge la chaudière A de flegmes de 40 à 50º, — saturés
à la potasse perlasse, comme nous l'avons indiqué au chapitre
précédent. — Si l'on met des flegmes à un degré supérieur à 50
ou si le degré du liquide chargé dans la chaudière est élevé par
l'addition d'alcool demi-fin, provenant d'un travail antérieur ; il
faudra y ajouter de l'eau pour arriver au degré indiqué variant
de 40 à 50º au plus.

2º Chauffage.

Pour chauffer l'appareil, on ouvre d'abord le robinet de purge
nº 4, puis celui de vapeur, en plein, pour chauffer promptement
les flegmes.

3º Ébullition.

Quand le contenu de la chaudière A est en ébullition, on ferme
à moitié le robinet de vapeur, afin de purger sans soubresaut
l'air contenu dans la colonne, puis on ouvre en plein le robinet
d'eau de condensation nº 4.

4º Changement des plateaux de la colonne.

Les vapeurs alcooliques sont alors condensées en C, et retournent à l'état liquide par le tuyau h, garnir successivement tous
les plateaux de la colonne B ; on reconnaît que les plateaux de
celle-ci sont suffisamment garnis par le régulateur de vapeur qui
a ce moment fonctionne.

Il se passe environ trente-cinq minutes, pendant lesquelles la pression monte graduellement dans le tube indicateur du régulateur; cette pression est la représentation des couches successives d'alcool qui viennent garnir les plateaux de la colonne.

5° PRODUCTION DE L'ALCOOL A L'ÉPROUVETTE.

Dès que tous les plateaux sont garnis d'alcool, on diminue l'arrivée de l'eau froide dans le condensateur C, de manière à ne plus condenser que les 2/3 de la vapeur arrivant dans le condensateur; l'autre tiers se rend dans le réfrigérant D, et de là dans l'éprouvette.

6° FRACTIONNEMENT DES PRODUITS.

Les premiers produits sont à 94° *très-éthériques*, d'une odeur âcre, forte, et généralement d'une couleur verte. — On les laisse aller au réservoir à mauvais goût, aussi longtemps qu'ils sont imprégnés de cette odeur piquante, — on obtient ainsi environ 3 0/0 du produit mis en travail. Ensuite l'alcool s'épure graduellement, il est d'une qualité supérieure au premier, on le désigne *moyen-goût*, et il se mélange aux alcools bruts de l'opération du lendemain; après commence, par le fractionnement, le 3/6 *bon goût* qui se reconnaît par sa neutralité, sa douceur et sa limpidité; il se continue presque jusqu'à la fin de l'opération.

7° INDICATION DE LA FIN DE L'OPÉRATION.

Quand le thermomètre posé sur le dôme O, marque 99 à 100 degrés de température, on déguste le produit à l'éprouvette F, et on le fractionne en le renvoyant au réservoir à alcool *moyen-goût* aussitôt que l'on observe que sa qualité diminue.

8° CONDENSATION DES HUILES A LA FIN DU TRAVAIL.

Puis, aussitôt que le thermomètre arrive à 101 degrés, on fait cesser la production de l'alcool à l'éprouvette F, en ouvrant en

grand le robinet d'eau de condensation n° 4. — Cette condensation a pour effet de maintenir l'acool à fort degré dans le condensateur C, et dans la partie supérieure de la colonne, pour
empêcher ces parties de l'appareil de s'imprégner d'huiles essentielles.

9° VIDANGE DES HUILES ET FIN DU TRAVAIL.

Enfin, quand le thermomètre marque 102 degrés, le liquide
contenu dans celle-ci est épuisé d'alcool. On ouvre alors le robinet
n° 3 de vidange des eaux de la chaudière ; puis on tourne le
robinet à trois eaux, n° 12, posé sur la partie cylindrique de la
chaudière, pour mettre en communication la colonne et le réservoir aux huiles. Enfin, on ferme immédiatement après le robinet
de vapeur qui chauffait l'appareil ; comme la pression n'est plus
maintenue dans la colonne B, les plateaux se vident successivement de haut en bas sur le plateau inférieur, qui communique au
réservoir à mauvais goût par le robinet à trois eaux n° 12 ; à
cette période de l'opération, les plateaux de la colonne ne contiennent plus que des huiles essentielles et de l'alcool mauvais
goût ; on les envoie dans le réservoir où l'on a logé les produits
éthérés au début de l'opération.

Par notre système de déchargement des plateaux de colonne,
les huiles essentielles ne viennent jamais salir le condenseur ni le
réfrigérant de l'appareil ; elles restent dans les plateaux inférieurs
de l'appareil, et ces derniers se trouvent nettoyés par le peu
d'alcool, à fort degré, qui tombe des plateaux supérieurs.

En admettant, ainsi que nous l'avons dit plus haut, que la
chaudière soit chargée de flegmes à 50°, l'opération commence
à 85 degrés au thermomètre, et elle est terminée dès que la
température s'élève à 102° ; c'est-à-dire qu'il ne reste plus d'alcool
dans l'eau contenue dans la chaudière. Ces constatations se font
au moyen d'un thermomètre spécial construit pour les appareils
Savalle.

M. René Collette, notre client des Moëres françaises, qui s'est
beaucoup occupé de l'électricité, nous a fait établir un thermo-

mètre électrique qui lui indique dans son bureau le moment où les distillateurs doivent, à la fin du travail, fractionner les produits. Certains détails de construction de ce thermomètre restent à perfectionner, avant d'en généraliser l'usage chez nos clients; mais déjà, celui établi aux Moëres donne d'excellents résultats (1).

Notre rectificateur produit des alcools ne pesant pas moins de 96 à 97 degrés. Le régulateur de vapeur, qui est une de ses parties essentielles, en rend la marche parfaitement régulière et facile à surveiller, et il contribue ainsi à la bonne qualité des produits.

L'éprouvette (fig. 43, page 148), qui est munie d'un thermomètre et d'un aréomètre, indique en même temps au distillateur la température, le degré, la vitesse d'écoulement de l'alcool rectifié, et elle le prévient du moment où il doit goûter, afin d'en opérer le fractionnement.

Nos appareils sont très-bien construits, d'un nettoyage facile, d'une marche sûre et parfaitement régulière.

§ IX. — Frais pour rectifier un hectolitre d'alcool.

On nous demande souvent ce que dépensent les usines de rectification montées par notre maison, pour la rectification de leurs alcools. Voici ce renseignement :

Les frais pour produire la rectification, par nos appareils, de *cent* litres de 3/6, sont évalués à 3 fr. 55 c. dans les petites usines et à 3 francs seulement dans les grandes.

Dans une usine produisant par jour 2,000 litres de 3/6 fin, les frais se répartissent comme suit :

(1) Nous sommes heureux de rendre ici à chacun ce qui lui revient, en disant que M. René Collette est un chercheur qui, déjà, a réalisé des perfectionnements très-intéressants dans l'ensemble du matériel de la distillerie. Il a dans les Moëres une usine modèle. Sa distillerie de betteraves est la plus importante et la mieux installée de France.

Par hectolitre d'alcool fin.

Combustible, 40 kilog.....................Fr.	1	»
Perte de 2 litres d'alcool brut................	1	»
Main-d'œuvre.....................	1	»
Frais généraux, intérêts et amortissement......	»	55
Total........Fr.	3	55

Ces frais sont encore diminués quand, au lieu de considérer un établissement créé spécialement en vue de la rectification des alcools, on considère cette opération faite dans une distillerie agricole et comme *complément du travail* de celle-ci.

Plusieurs grandes usines de rectification des environs de Paris nous ont communiqué le chiffre moyen de la dépense de charbon pendant la campagne dernière. Cette dépense a été de 32 kilog. par hectolitre, pour les usines qui n'ont pas à élever l'eau de condensation ; elles achètent l'eau de Seine tout élevée. Cette dépense moyenne a été de 38 kilogrammes, soit 6 kilogrammes en plus par hectolitre d'alcool pour celles qui ont une machine à vapeur et qui pompent elles-mêmes l'eau nécessaire à la condensation.

Pour créer un établissement de rectification des alcools de betteraves, de pommes de terre, de maïs dans le Nord, ou d'alcools de vins ou de marcs dans le Midi de la France, il faut, suivant l'importance du travail, un matériel qui, très-complet, se compose des parties détaillées dans les devis insérés à la page 198. Le local pour ce matériel peut être très-restreint, et nous utilisons souvent des bâtiments existants dont on nous remet les dimensions, et que nous approprions au travail qu'on se propose d'exécuter.

§ X. — Régulateur de condensation appliqué à régler automatiquement la production des rectificateurs.

L'écrivain, et bien d'autres avant lui, ont pendant longtemps cherché le moyen de régler automatiquement la condensation. On espérait généralement arriver à résoudre le problème au moyen

d'un thermomètre spécial établi en grand, de manière à action-
ner le robinet d'eau de condensation ; mais toutes les tentatives
faites dans ce sens ont échoué. Le principe d'un bon régulateur de
condensation n'était pas là, et ce n'est que dans ces derniers temps,

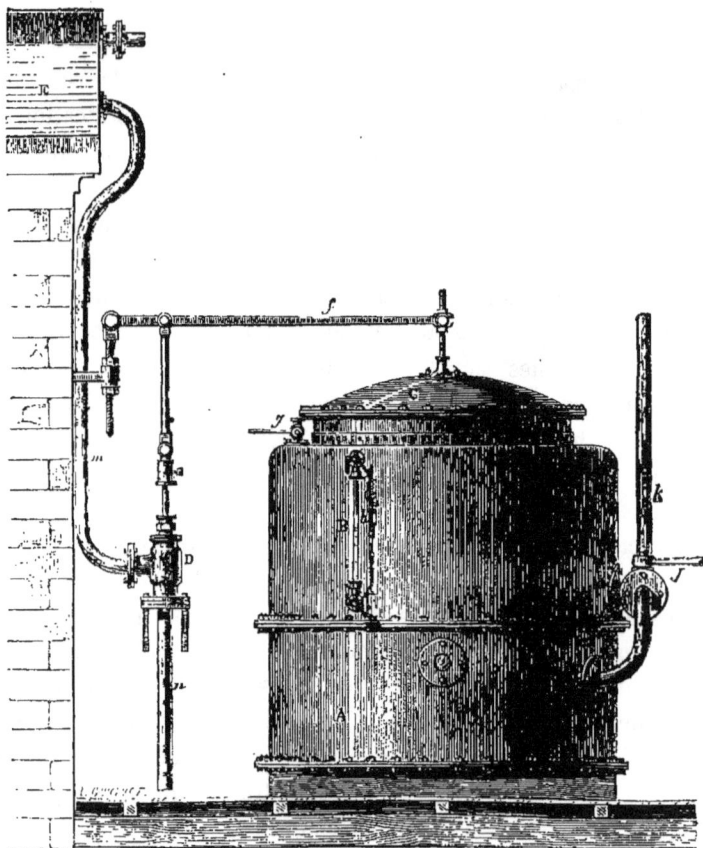

Fig 44. — Régulateur de condensation de M. D. Savalle, fixant la production des
rectificateurs.

en perfectionnant les appareils Savalle, que l'auteur est arrivé à
établir à la fois, la force et la précision suffisantes au fonctionnement de ce nouveau genre de régulateur.

Cet appareil dont nous donnons l'ensemble (figure 44), rend de grands services; on arrive, par son application, à préciser d'une manière exacte le travail des rectificateurs. On modifie à volonté la vitesse de production de l'alcool à l'éprouvette en modifiant la position d'attache du levier F, sur la tige d'actionnement, et l'appareil continue alors à donner à chaque opération la proportion de travail qu'on lui a assignée.

Ce régulateur de condensation procure *une notable économie de combustible dans la rectification des alcools.* En effet, lorsqu'on considère que les rectificateurs fonctionnent à une pression constante, qu'ils dépensent par heure, et suivant la phase de l'opération, toujours la même quantité de charbon, et que dans certaines usines, ces opérations durent souvent un tiers ou même le double de temps qu'il faudrait, il est clair que, par l'application du régulateur en question on arrivera à économiser 1/3 et même dans certaines usines, la moitié du combustible nécessité aujourd'hui par ce travail. Un rectificateur établi pour produire 600 litres d'alcool dépense, par opération de vingt heures de coulage, — environ 4,560 kilog. de charbon. Si l'on condense mal à propos, et que l'opération dure 30 heures on dépensera 2,280 kilog. de combustible en plus, et en pure perte.

Peu d'usines travaillent dans des conditions aussi mauvaises : il y en a cependant. Mais toutes perdent chaque jour une quantité plus ou moins grande de combustible, car chaque heure de dépensée en trop dans une opération de rectification représente une perte de 1/20e de la quantité totale du combustible employé. Cette perte sera évitée par l'emploi du régulateur automatique de condensation.

La grande précision obtenue dans le travail simplifie en outre la tâche de l'ouvrier distillateur et contribue puissamment à la qualité de l'alcool. Les distilleries tireront un grand avantage de l'emploi de ce nouveau régulateur, qui fonctionne aux environs de Paris, et qui pourra être visité par nos clients munis d'une lettre d'introduction de notre part, auprès de MM. J. Chalon et Cie, distillateurs à Saint-Ouen-l'Aumône. — Nous sommes forcés de vendre ce régulateur de condensation en dehors et en plus du prix de nos appareils de rectification. Celui qui fonctionne à Saint-

Ouen-l'Aumône est du prix de 3,500 francs ; nous établirons son prix suivant sa dimension, et nous y ajouterons une redevance de brevet modérée, pour le propager rapidement, et laisser le plus tôt possible aux propriétaires de distilleries les bénéfices résultant de son application.

Depuis notre publication de 1873, nous avons appliqué ce régulateur de condensation, à quatorze rectificateurs livrés aux maisons ci-après :

Trois en *Russie*. — Un à la Société commerciale et industrielle à Odessa ; — deux à la Révaler spiritus raffinerie ;

Un en *Saxe*. — Au rectificateur livré pour la belle usine de M. H. Sand, à Leipzig ;

Un en *Allemagne*. — Pour le grand rectificateur de M. J.-F. Höper jr de Hambourg ;

Un en *Autriche*. — Pour M. Adolf-Popper, à Pilsen ;

Six en *France*. — Pour les usines de :

— La distillerie et potasserie d'Aubervilliers ;
— M. F. Billet, à Marly.
— MM. Lesaffre et Bonduelle à Renescure (Nord) ;
— MM. Tilloy-Delaune à Courrières ;
— M. Chalon et Cie à Saint-Ouen-l'Aumône ;

Un à la *Trinidad*. — A la Compagnie sucrière, limited, de Londres ;

Un au *Pérou*. — A M. Félix Denégri.

§ XI. — Devis approximatif du matériel complet d'une usine de rectification des alcools produisant, par 24 heures, 2,000 litres de 3/6 fin, de 96 à 97 degrés.

1° **Générateur de vapeur** de douze chevaux :

Tôle, 3,000 kil. à 65 fr. . . . . .Fr.	1.950	
Fonte, 1,000 — à 45	450	2.680 »
Accessoires, environ	280	

2° **Machine à vapeur** :

Pompe à eau froide.	
Pompe alimentaire du générateur.	3.900 »
Pompe à 3/6 brut	

A reporter. . . . Fr.   6.580 »

Report. . . . Fr.   6.580 »

3° **Appareil de rectification** n° 3, avec chaudière en
tôle. . . . .   9.200 »

4° **Réservoirs :**

Un pour l'alcool brut, de 100 hectol.,   poids 1.850 kil.
Un pour les 3/6 fins, de   50   —   —   1.030
Un pour l'eau froide, de   25   —   —   375
Un pour l'eau chaude, de   15   —   —   375

3.630 kil.

à 65 fr. les 100 kil., environ. . . . .   2.360 »

5° **Tuyauterie et robinetterie** des appareils de
l'usine, environ . . . .   1.500 »

Prix du matériel complet. . . . . Fr.   19.640 »

§ XII. — Nouveau procédé de purification des alcools bruts avant la rectification.

Il ne suffit pas toujours d'avoir eu une bonne idée, d'avoir
fait une bonne invention, il faut y joindre une grande persévérance pour la mener à bien, et c'est malheureux à dire, mais la
persévérance n'est pas en général la qualité dominante chez les
inventeurs ; quand ils ont trouvé un appareil ou un procédé nouveau, il faut que la réussite soit immédiate, sans cela ils ont
autour d'eux beaucoup de curieux qui les persuadent qu'ils ne
réussiront pas. Ce fait se produit malheureusement trop souvent,
et les inventeurs découragés abandonnent la partie.

Nous sommes, en ce moment, en présence d'un de ces cas.
En 1867, M. Laire, chimiste à Paris, prit un brevet pour purifier
les alcools bruts, au moyen d'un courant d'air comprimé. Il fit
les essais de ce procédé dans plusieurs usines, et entre autres
chez M. le comte de Beaurepaire ; son travail ne donna que des
résultats indécis, parce que l'alcool ainsi purifié était alors rectifié
dans un appareil défectueux de l'ancien système. En 1874,

M. de Beaurepaire reprit le procédé de M. Laire et obtint un résultat satisfaisant, en l'appliquant en grand dans l'usine de MM. Tilloy, Delaume et Cie, à Courrières. La réussite du procédé Laire était dû, cette fois, à ce que dans cette usine, l'alcool épuré se trouve rectifié par l'appareil Savalle. Cependant cette seconde application laissait encore énormément à désirer, nous avons étudié la question, et nous avons combiné un appareil d'épuration *méthodique* et *continue,* qui donne aujourd'hui un travail irréprochable. Nous conseillons cette épuration préalable des alcools bruts, quand ceux-ci sont très-chargés d'éthers et difficiles à rectifier, sans cela, l'opération de la rectification pure et simple dans notre appareil suffit à obtenir un alcool parfait.

CHAPITRE DIXIÈME

Appareil de distillation des pommes de terre.

Dans certains pays, on vend à la Bourse, non l'alcool rectifié, mais les flegmes qui se produisent dans les distilleries agricoles. Ces flegmes se vendent à 88 degrés Tralles, qui représentent environ 88° 1/2 centésimaux.

Ce mode d'opérer est inférieur au nôtre, qui consiste à rectifier les alcools sur place dans l'usine de production. Nous évitons des frais de transport et une grande dépense de combustible; mais les choses sont ainsi établies en Allemagne et en Autriche depuis des temps immémoriaux, et il serait bien difficile, sinon impossible, de les modifier. Les raffineries d'alcool y sont installées sur une vaste échelle, et ces maisons sont surtout de grandes maisons de commerce; elles ont des représentants qui placent leurs alcools rectifiés dans tous les pays; elles opèrent sur des quantités qui varient de 100 à 800 hectolitres de produits par jour. Ces maisons font à la Bourse la pluie et le beau temps; elles sont toutes-puissantes et représentent dans ces pays, pour l'alcool, ce que sont les raffineurs de Paris pour les sucres. Cette situation admise, il faut aux distilleries agricoles d'Allemagne des appareils qui épuisent bien la matière fermentée, fournissent de l'alcool brut à degrés élevés, et cela, en dépensant le moins possible de combustible; de plus, comme les droits s'y paient sur la contenance des cuves, les fermentations de grains ou de pommes de terre y sont très-épaisses et réclament des appareils qui soient faciles à nettoyer.

Nous avons réuni ces divers avantages dans un appareil que nous avons combiné pour ce cas particulier de distillation et

nous donnons.l'ensemble et le plan de cet appareil (fig. 45 et 46).
Voici sa description et son fonctionnement :

A est la pompe à matière fermentée ; b c, les conduits qui
portent cette matière dans la colonne distillatoire ; D, la colonne
distillatoire rectangulaire en fonte de fer, composée de vingt tronçons. Cette colonne est la répétition de celle que nous avons
appliquée dans de nombreuses distilleries de grains, et que nous
construisons en fonte de fer ou en cuivre. Ce système de colonne
porte des trous de bras, qui permettent de la visiter en tous sens
et de la nettoyer. Sa construction intérieure est nouvelle, très-
simple et très-solide. La matière à distiller y est très-divisée ;
elle parcourt un ruban très-long, dont la trame représente la
vapeur destinée à dépouiller l'alcool.

Un instrument de précision dû à M. Savalle, qui indique la
présence de un dix-millième d'alcool dans les vinasses, prouve
que ces colonnes épuisent parfaitement l'alcool contenu dans la
matière à distiller, tandis que les anciens appareils perdent dans
les vinasses de 2 à 3 pour 100 des produits. Cette perfection de
travail est due au système spécial intérieur de cette colonne distillatoire rectangulaire. Les matières fermentées qui, pour être
distillées, séjournent pendant des heures dans les anciens appareils allemands, sont ici soumises à la distillation pendant six
minutes seulement, et sortent à continu de la colonne par le
robinet n° 3. La vapeur, pour chauffer l'appareil, arrive par la
soupape 1, et est réglée par le régulateur de vapeur E. Ce régulateur, qui n'existe qu'aux appareils du système Savalle, est
d'une grande importance pour la perfection du travail et pour
l'économie du combustible ; il facilite aussi beaucoup la conduite
de l'appareil, qui, par lui, devient des plus simples et peut être
confié à un distillateur peu expérimenté. Les vapeurs se rendent
de la colonne dans le brise-mousse f, et de là dans la chaudière
de rectification G.

Le chauffage de cette seconde partie de l'appareil se trouve
réglé par le courant régulier des vapeurs sortant de la colonne
D, et la concentration de l'alcool s'obtient par la colonne H et le

Fig. 45. — Nouvel appareil continu de distillation des grains et des pommes de terre.

condenseur I ; l'alcool brut à 95 et 96 degrés passe par le réfrigérant J, et vient couler par l'éprouvette L.

4 est le robinet d'eau de réfrigération et de condensation ; 5 est
le robinet pour décharger les produits de la rétrogradation qui
se réunissent à la matière brute, et sont renvoyés à la colonne
rectangulaire D.

L'ensemble de cet appareil est très-simple ; tous les organes
considérés isolément en sont bien étudiés et les résultats obtenus
dépassent de beaucoup ceux des appareils anciens.

Pour l'Autriche, où le mode d'impôt sur les distilleries nécessite

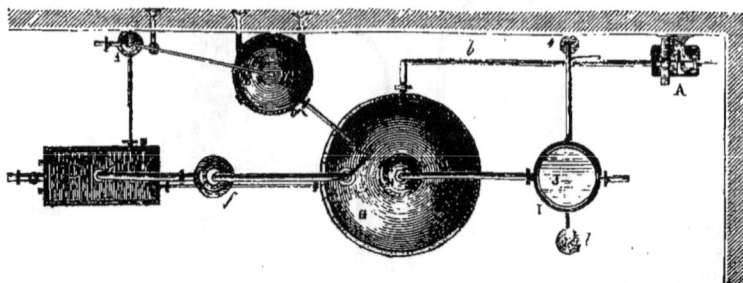

Fig. 46. — Plan du nouvel appareil de distillation des grains et des pommes de terre.

la prompte vidange des cuves de fermentation et une prompte distillation, nous adjoignons à cet ensemble une cuve de vitesse qui permet de vider la cuve de fermentation en quelques minutes. En Allemagne, cette adjonction n'est pas nécessaire.

Nous établissons cet appareil de différentes dimensions, proportionnées au travail à produire. Nous en indiquerons les prix aux personnes qui voudront bien nous donner les renseignements suivants : 1° le volume de fermentation à distiller ; 2° la nature des matières fermentées, soit pommes de terre, grains ou mélasse ; 3° le temps dans lequel on désire que ce travail soit fait.

CHAPITRE ONZIÈME.

APPAREILS SAVALLE DANS LES FABRIQUES DE PRODUITS CHIMIQUES

---

§ Ier. — Fabrication du méthylène ou esprit de bois.

Nos appareils s'appliquent très-avantageusement à différentes opérations chimiques; l'un des produits les plus remarquables obtenu par leur emploi est le méthylène. Ce produit est obtenu avec les qualités suivantes :

> 1° — **Parfaitement blanc,**
> 2° — **Sans odeur,**
> 3" — **Et anhydre de 99 à 100 degrés centésimaux.**

Ce sont trois qualités inconnues jusqu'ici au méthylène, par le motif que les anciens appareils ne sont jamais arrivés qu'à une purification relative de ce produit, et lui laissent une odeur infecte et nauséabonde.

La Société **Anonyme-Badische anilin und soda Fabrik,** à Ludwigschafen (Bavière-Rhénane), emploie nos appareils à cette fabrication depuis plusieurs années, et livre le produit réellement remarquable, dont nous venons de parler.

Depuis, d'autres fabricants, en France, ont aussi acheté notre système et obtiennent les mêmes résultats, ce sont : MM. Kestner et Cie, à Bellevue (Haut-Rhin), et MM. Bordet frères, à Froid-vent, par Recey-sur-Ource (Côte-d'Or).

Nous tenons chez nous (64, avenue du Bois-de-Boulogne, à Paris) des échantillons de méthylène, à la disposition des personnes que cette fabrication nouvelle intéresse.

§ II. — Appareil Savalle appliqué au fractionnement de benzols, pour la fabrication des couleurs d'aniline.

Il résulte de l'emploi de notre nouvel appareil appliqué au fractionnement des benzols :

1° L'OBTENTION DE PRODUITS BIEN PLUS PURS QUE CEUX CONNUS JUSQU'A PRÉSENT ;

2° UNE ÉCONOMIE DE FABRICATION CONSIDÉRABLE, résultant de la séparation complète des produits qui ne donnent pas de couleur et pour lesquels on ne dépense plus inutilement d'acide nitrique.

Nous avons installé un premier appareil, d'abord, puis un second appareil dans la grande fabrique d'aniline de Ludwisgchafen (en Bavière-Rhénane).

Ces appareils se chargent chacun de 100 quintaux de benzol brut ordinaire du commerce, et fournissent les produits suivants, parfaitement fractionnés.

L'opération débute à environ 76° de température et fournit :

De 76° à 80°, 3 quintaux *de produits non nitrifiables ;*

De 81° à 84°, 14 quintaux *de benzol pour aniline pure, propre à la fabrication de la méthylaniline ;*

De 85° à 105°, 55 quintaux *benzol pour aniline pour rouge fuchsine, d'un rendement supérieur de 30 0/0 de couleur bien cristallisée ;*

De 106° à 112°, 12 quintaux *toluol pour toluidine destinée à la fabrication de la safranine.*

Les produits restant dans l'appareil sont redistillés à l'alambic simple jusqu'à 168 degrés ; ils fournissent les *benzols lourds* qui sont actuellement recherchés dans le commerce pour diverses fabrications.

L'appareil traitant 100 quintaux de benzol est un de nos petits numéros ; nous en avons de dix dimensions différentes, dont les plus forts peuvent opérer sur 1,000 quintaux de benzol à la fois.

Nous nous empresserons de donner les prix de ces appareils aux personnes qui nous en feront la demande.

§ III. — Appareils Savalle installés dans des fabriques de produits chimiques.

NOMS DES INDUSTRIELS	DEMEURES	ÉRIGÉ EN	QUANTITÉS DE MÉTHYLÈNE POUVANT ÊTRE TRAVAILLÉES PAR JOUR	OBSERVATIONS ET RENSEIGNEMENTS
FRANCE				
	Froidvent par		LITRES.	
Bordet frères..............	Recey-sur-Ource.	1874	500	
2e appareil	—	1875		Ce second appareil est employé à distiller la matière brute.
Kestner et **C**ie..............	Bellerue (Haut-Rhin)..		500	
Le Maire..................	Lyon	1872		Fabricant de produits chimiques, rue Saint-Pierre-de-Vaise.
BAVIÈRE-RHÉNANE				
Société anonyme Badische ani-lin und soda Fabrik......	Ludwigschafen..	1869		Ces quatre appareils peuvent traiter par jour 400 quintaux de Benzols brut.
2e appareil	—	1872		
3e appareil	—	1873		
4e appareil	—.	1873		
ÉTATS-UNIS				
Ch.-J.-T. Burcey..........	Black-Rock (Conn.)	1875	1.000	
ESPAGNE				
. Grau	Barcelone ..... :	1875	300	
TOTAL........			2 300	litres.

CHAPITRE DOUZIÈME

RÉSULTATS OBTENUS EN FRANCE PAR LES APPAREILS SAVALLE.

La France produit environ un million d'hectolitres d'alcool d'industrie, et cette production presque tout entière s'y fait par les appareils Savalle. Il n'est plus guère de distillerie qui n'ait été, ou montée tout entière, ou dont le matériel n'ait été transformé au système nouveau créé et introduit en France par M. Savalle père d'abord, complété et perfectionné ensuite par son fils M. Désiré Savalle.

Les nouveaux appareils créés successivement, et ainsi mis en pratique sur une grande échelle, procurent en France de très-grands résultats, dont bénéficient à la fois *le fisc, l'industrie, l'agriculture* et *le commerce* du pays.

1° *L'industrie française* a vu s'élever 127 grandes distilleries, dont : 43 distilleries de mélasses, 74 distilleries de betteraves et 10 distilleries de grains, qui emploient ensemble 219 appareils Savalle et dont la puissance de production journalière est de 7,708 hectolitres d'alcool raffiné.

Ces 127 usines n'ont pas coûté moins de quarante millions à établir.

L'industrie française garde en outre le secret et le monopole de la construction des appareils Savalle, qui s'exportent chaque année dans toutes les parties du globe.

2° *L'agriculture* cultive pour alimenter de matières premières les 74 distilleries de betteraves, 30,000 hectares. Les résidus de la

14

distillation employés à l'engrais du bétail produisent par campagne de 150 jours, 13,500,000 kilogrammes de viande de boucherie.

L'agriculture bénéficie en outre des fumiers pour le sol provenant des nombreuses étables, établies pour cet engrais.

Ces chiffres n'ont trait qu'aux distilleries de betteraves seulement; il y a en outre les distilleries de grains, dont les résultats sont non moins favorables.

Quant aux 43 distilleries de mélasses, qui en absorbent par campagne 240 millions de kilogrammes, elles sont indispensables à l'industrie sucrière, qui n'a pas d'autre emploi de ses mélasses, et qui, souvent, n'a d'autre bénéfice que celui provenant de la vente de ses bas produits à la distillerie.

3° *Le commerce* des alcools est devenu florissant depuis la perfection donnée à ses produits par les appareils Savalle. Antérieurement l'alcool était mal raffiné; il était chargé d'éthers et d'huiles essentielles qui le rendaient impropre à la consommation.

L'exportation des alcools français s'élève aujourd'hui déjà à 350,000 hectolitres environ, et ce chiffre ne fera qu'augmenter.

La maison Savalle, qui installe des usines avec ses appareils dans tous les pays, augmente aussi chaque année pour un chiffre important le commerce d'exportation. L'ingénieur Savalle a déjà ainsi exporté le matériel de 118 usines importantes, qui emploient 185 appareils de son système. Ces usines représentent un capital d'environ 25 millions.

Après avoir énuméré les avantages que retirent des inventions de M. Savalle l'industrie, l'agriculture et le commerce, nous ne devons pas oublier le résultat qu'il procure au gouvernement, comme chiffre d'impôt, sans parler des patentes ni des contributions diverses imposées aux usines. Les droits payés chaque année à l'État sur un million d'hectolitres d'alcool produit par les appareils Savalle s'élèvent aujourd'hui **à 156 millions de francs.**

Les appareils Savalle ont donc rendu au pays de grands services, et la rapidité avec laquelle ils se sont propagés et généralisés, prouve leur mérite et le progrès immense qu'ils ont fait faire à l'industrie nationale.

CHAPITRE TREIZIÈME

Précautions à prendre dans les Distilleries.

Nos lecteurs voudront bien nous permettre de leur faire quelques recommandations utiles. On ne saurait trop répéter aux
propriétaires de distilleries d'être d'une sévérité excessive pour
défendre l'emploi des lumières portatives dans les locaux des appareils, ainsi que dans les magasins où l'on garde les alcools.
L'éclairage de ces locaux doit se faire par des lumières fixes,
posées dans des lanternes communiquant exclusivement au
dehors.

Les accidents sont rares; mais quand un sinistre arrive, il est
toujours affligeant de constater qu'il est survenu par imprudence
ou incurie.

Nous allons aussi indiquer une précaution bonne à prendre
pour essayer les appareils tous les trois mois, afin de s'assurer de
leur état parfait et remédier aux pertes de temps causées par les
démontages partiels.

Aujourd'hui une distillerie se monte. Elle a des appareils neufs,
solides et étanches. Ils fonctionnent pendant un certain nombre
d'années; ils passent même en différentes mains. Eh bien, il
survient un moment où le matériel s'use et où, réellement, il est
dangereux de s'en servir. Extérieurement, aucune défectuosité
n'apparaît; mais à l'intérieur, il n'en est pas de même; car les
métaux sont rongés et n'offrent plus une résistance suffisante.
Le moyen de vérifier le bon état d'un rectificateur est très-simple;
pour le mettre à exécution, peu de chose suffit. Il faut agir de
la façon suivante : emplir *d'eau froide* la chaudière, mettre de

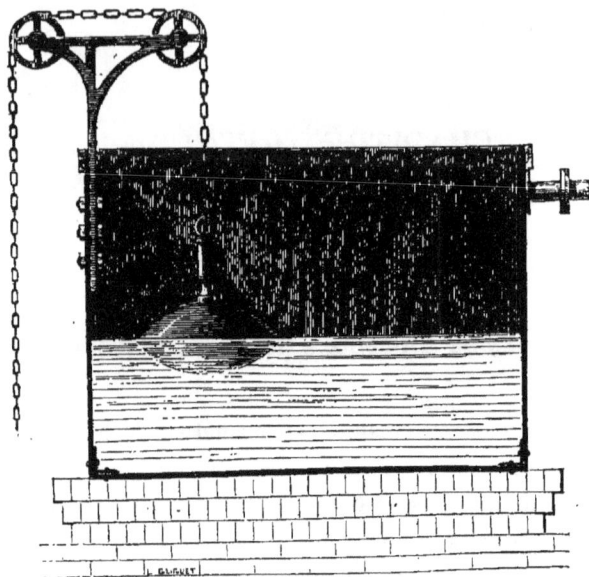

Fig. 47. — Réservoir d'eau froide alimentant les appareils.

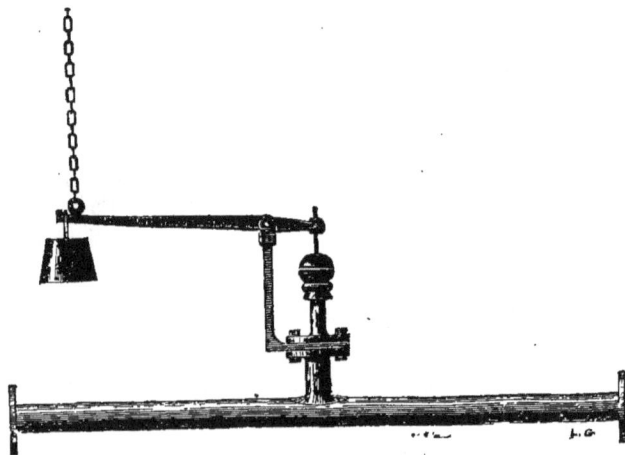

Fig. 48. — Sifflet posé sur la conduite de vapeur et actionné par le flotteur posé
dans le réservoir d'eau.

l'eau dans la colonne jusqu'à deux ou trois mètres d'élévation. Les appareils sont ainsi soumis à une pression hydraulique supérieure à celle qu'ils ont à supporter pendant le travail. S'il existe chez eux une partie faible, immédiatement elle apparaîtra, et sans accident, car de l'eau froide seule jaillira.

Nous conseillons aux distillateurs non-seulement de faire subir cette épreuve si simple aux anciens appareils, mais encore de la répéter tous les trois mois dans les usines neuves.

C'est l'affaire de quelques heures; elle n'entraîne aucuns frais et elle a l'avantage énorme de garantir une marche régulière et à l'abri de tout accident.

Un de nos bons clients, M. Alfred Billet, distillateur à Cantin, près Douai, a créé et appliqué chez lui un système de sifflets d'alarme (fig. 47 et 48), que nous voudrions voir employé dans toutes les distilleries.

Ce sifflet d'alarme fonctionne quand la pompe à eau vient à manquer et quand le réservoir d'eau se vide à plus de moitié.

Le surveillant des appareils est averti et le contre-maître d'usine aussi; on évite ainsi d'incendier les usines par le manque d'eau et la vapeur alcoolique qui peut se répandre dans le local des appareils; il est vrai que ce danger n'est à redouter que la nuit, et quand accidentellement l'ouvrier distillateur s'endort; mais le cas s'est présenté à Étreux, près Valenciennes, et le distillateur a été victime de son sommeil.

Les précautions sont toujours bonnes à prendre; nous engageons donc nos clients à se mettre en rapport avec M. Billet pour appliquer chez eux son *flotteur avertisseur*, — dont nous indiquons ci-contre la disposition.

CHAPITRE QUATORZIÈME

Conclusions.

Nous devons ajouter à ces renseignements que, pour les distilleries situées à l'étranger et pour celles de France qui nous en feraient la demande, *nous procurons des hommes parfaitement au courant de la mise en train de nos appareils;* nous en procurons aussi pour la mise en train de toutes les distilleries de betteraves que nous montons ; ces derniers connaissent à fond la macération et la fermentation.

Nous nous chargeons de la fourniture du plan général de toutes les distilleries où l'on voudra employer nos appareils, soit pour distiller les betteraves, les mélasses, les grains, les vins, ou toutes autres matières. Nous établirons ces plans appropriés aux locaux dont on pourrait disposer.

Désireux de répondre aux besoins de l'agriculture et de l'industrie, et de faciliter l'acquisition d'un outillage devenu indispensable par les luttes de la concurrence, nous serons toujours disposés à accorder à nos clients toutes les facilités raisonnables.

Nous pourrions mettre sous les yeux de nos lecteurs les nombreuses attestations que nous adressent nos clients pour nous exprimer leur satisfaction; mais la lecture de ces documents précieux serait fatigante, et nous nous contentons d'en extraire les cinq suivants, émanant d'hommes considérables, qui ont acquis une juste réputation dans les branches diverses de la distillation industrielle, de la distillation agricole et de la distillation vinicole. La première de ces lettres est écrite par M. Léon Crespel, propriétaire d'une des plus fortes usines du Nord, qui travaille par campagne 25 millions de kilogrammes de betteraves. Cette usine possède deux rectificateurs de notre système.

« Quesnoy-sur-Deule, près Lille (Nord), le 16 novembre 1869.

» *MM. D. Savalle fils et Cie, à Paris.*

» L'appareil à rectifier avec colonne de 1^m,05 que vous nous avez fourni cette année marche admirablement bien et nous en sommes très-contents; il nous donne, et au-delà, les quantités annoncées dans notre marché. Une heure après la mise en marche, nous obtenions, à la première opération, des alcools extra-fins, et depuis nous avons toujours fabriqué des alcools qui sont recherchés sur les places de Paris et Lille.

» Vous pourrez dire à toutes personnes désireuses de voir fonctionner votre appareil qu'elles ont porte ouverte chez nous quand elles voudront, et elles pourront alors s'assurer elles-mêmes de la vérité, et se convaincront que votre appareil est admirable, tant par la grande production que par la qualité et la régularité dans la marche.

» Agréez, Messieurs, nos salutations amicales.

» Léon CRESPEL et Cie. »

La seconde attestation que nous voulons faire connaître à nos lecteurs nous a été écrite par M. Durand, habile agriculteur et maire de son pays :

« Bornel, le 3 novembre 1868.

» *A MM. D. Savalle fils et Cie, avenue de l'Impératrice, à Paris.*

» Je me fais un plaisir de vous informer que les deux appareils à rectifier que vous avez montés chez moi, le premier à Ivry-le-Temple, en 1867 ; le second à Bornel, en 1868, fonctionnent parfaitement et qu'ils ne laissent rien à désirer. Les 3/6 que nous en obtenons sont excellents. Le procédé de neutralisation des acides que vous nous avez indiqué réussit très-bien. Enfin, je suis très-

satisfait de votre distributeur de betteraves dans les macérateurs;
il économise un homme, tout en faisant l'ouvrage infiniment
mieux. En effet, la cossette est déposée avec une légèreté que la
main de l'ouvrier le plus habile ne saurait remplacer. Je vous
autorise à faire tel emploi que vous jugerez convenable de cette
attestation.

» Veuillez agréer, etc.

DURAND,

» Cultivateur à Bornel et à Ivry-le-Temple, par Méru (Oise). »

La troisième est l'extrait textuel du rapport fait à l'assemblée
générale des actionnaires de la Société anonyme *Actien-Fabrikshof*,
à Temeswar (Hongrie).

« Zu diesem günstigen Ergebnisse trug nicht wenig der von uns
— in Ausführung einer diesfælligen Bestimmung der Statuten —
in den letzten Tagen des Monates Juni in Betrieb gesetzte Spiri-
tus-Rectificir-Apparat bei. Nach genauer Erwægung aller Um-
stænde, welche hier in Betracht kommen, haben wir uns dafür
entschieden, den genannten Apparat aus dem berühmten Etablis-
sement D. Savalle fils et Cie in Paris zu beziehen, und mit Befrie-
digung kœnnen wir Ihnen mittheilen, dass unsere Erwartungen
in jeder Hinsicht erfüllt wurden, indem wir nicht nur einen hier
unübertroffenen hochfeinen Spirit erzeugen, der sich bereits den
Beifall aller Kenner erworben hat, sondern es entspricht auch die
Ausbeute den Anforderungen, die man an einen derartigen Apparat knüpfen kann. »

La quatrième émane d'un grand propriétaire et industriel d'Espagne. Elle a été adressée à M. Saavedra, banquier à Paris, qui
a bien voulu nous la communiquer, et nous en extrayons le passage suivant :

« Albacete (Espagne), janvier 1869.

» ..... Dites à MM. Savalle et Cie que leur appareil est merveilleux, et que tous les industriels de notre pays sont en admiration devant les résultats qu'il donne. Je suis certain qu'ils en placeront beaucoup en Espagne; car, de tous les côtés, on accourt pour le voir fonctionner.....

» Joaquin de LA GANDARA,

» Directeur du chemin de fer de Saragosse. »

Ces attestations, qui nous parviennent de pays différents, parlent assez haut en notre faveur, pour que nous n'ayons pas besoin d'ajouter de nouveaux commentaires à ces faits que nous enregistrons avec une légitime satisfaction.

Nous terminerons la reproduction de ces extraits, en citant les paroles prononcées à la tribune de l'Assemblée nationale, en avril 1875, par M. le marquis de Dampierre, député, membre de la Société centrale d'agriculture de France, lauréat de la Prime d'honneur, et grand propriétaire foncier dans deux départements. Chargé d'un rapport sur la création d'une Faculté d'agriculture à Paris, M. le marquis de Dampierre, après avoir décrit la puissance de nos industries rurales et leur influence à l'étranger, a conclu de la façon suivante :

« *Pour n'en citer qu'un exemple récent, les appareils de distillerie les plus estimés en Allemagne aujourd'hui sont ceux d'un ingénieur français, M. Savalle, et l'on connaît l'importance et l'habileté de la distillerie allemande.* »

Ces paroles sont une consécration officielle de nos efforts et de nos travaux.

TABLE DES MATIÈRES.

TABLE DES GRAVURES.

IMPRIMERIE CENTRALE DES CHEMINS DE FER. — A. CHAIX ET Cie,
RUE BERGERE, 20, A PARIS. — 4546-5.

LIBRAIRIE DE G. MASSON, 17, PLACE DE L'ÉCOLE-DE-MÉDECINE, A PARIS.

JOURNAL DE L'AGRICULTURE

DE LA FERME ET DES MAISONS DE CAMPAGNE

DE L'HORTICULTURE

DE L'ÉCONOMIE RURALE ET DES INTÉRÊTS DE LA PROPRIÉTÉ

FONDÉ ET DIRIGÉ

PAR J.-A. BARRAL

Secrétaire perpétuel de la Société centrale d'agriculture de France.

———⟶•⟵———

LE JOURNAL DE L'AGRICULTURE

PARAIT TOUS LES **SAMEDIS** EN UN NUMÉRO DE 52 PAGES.

Il forme par trimestre un volume de 500 à 600 pages, avec de nombreuses
planches et gravures.

PRIX D'ABONNEMENT :

	UN AN.	6 MOIS.	3 MOIS.		UN AN.	6 MOIS.	3 MOIS.
FRANCE	20.00	11.00	6.00	Grèce, Turquie, Égypte,			
Belgique, Luxembourg				Colonies françaises.	29.00	15.50	8.25
Italie, Suisse	23.00	12.50	6.75	Russie, Suède	30.00	16.00	8.50
Angleterre, Espagne,				Roumanie, États-Unis,			
Pays-Bas	25.00	13.50	7.25	Colonies anglaises et			
Allemagne, Autriche,				espagnoles, Brésil,			
Danemark, Portugal.	27.00	14.50	7.75	Amérique du Sud	32.00	17.00	9.00
				Norvége	35.00	18.50	9.75

———

Un numéro, **50 centimes**

———

Les abonnements partent du commencement de chaque trimestre.

IMPRIMERIE CENTRALE DES CHEMINS DE FER. — A. CHAIX ET Cᵉ, RUE BERGÈRE, 20, A PARIS. — 4548-3.

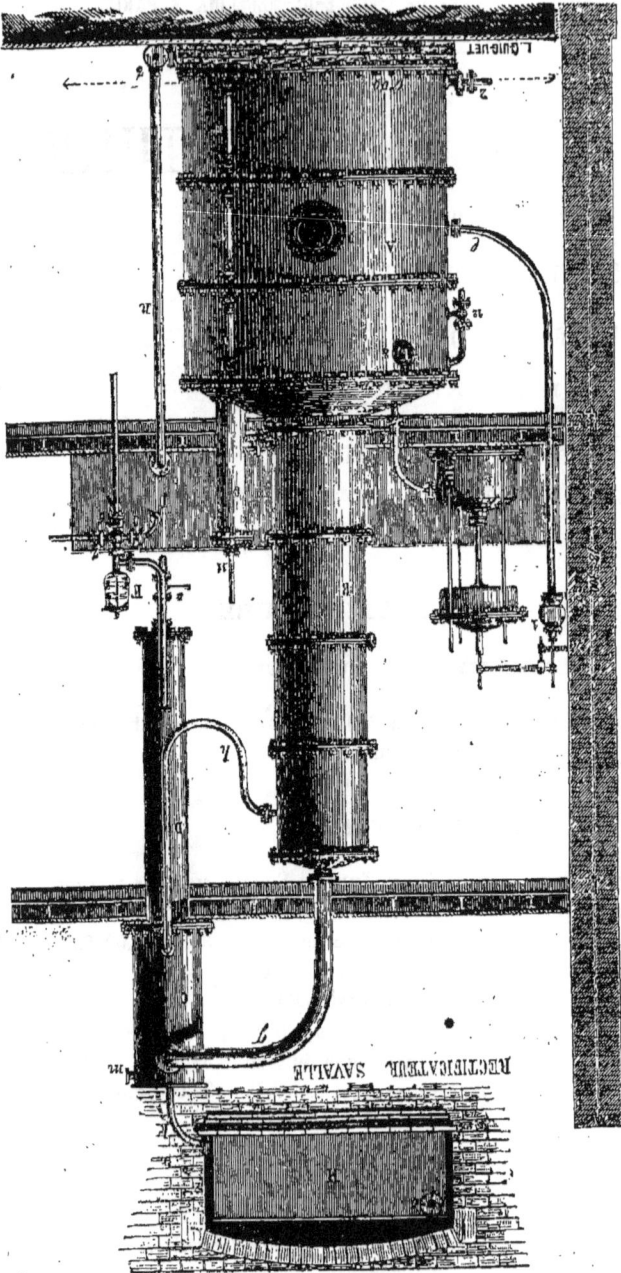

RECTIFICATEUR SAVALLE

L. GUIGUET

D. SAVALLE FILS & Cⁱᵉ

CONSTRUCTEURS DE MATÉRIEL DE DISTILLERIES

64, avenue du Bois-de-Boulogne, 64

— PARIS —